KB069411

공간의 미래

공간의 미래
코로나가 가속화시킨 공간 변화

발행일
2021년 4월 25일 초판 1쇄
2023년 10월 20일 초판 28쇄

지은이 | 유현준
펴낸이 | 정무영, 정상준
펴낸곳 | (주)을유문화사

창립일 | 1945년 12월 1일
주소 | 서울시 마포구 서교동 469-48
전화 | 02-733-8153
팩스 | 02-732-9154
홈페이지 | www.eulyoo.co.kr

ISBN 978-89-324-7442-7 03540

공간의 미래

코로나가
가속화시킨
공간 변화

유현준 지음

을유문화사

일러두기

1. 인명이나 지명은 국립국어원의 외래어 표기법을 따랐습니다.
    단, 일부 굳어진 명칭은 일반적으로 사용하는 명칭을 사용했습니다.
2. 건축물명은 ' '로, 도서나 잡지 등은 『 』로, 미술 작품명은 「 」로,
    영화나 TV프로그램명은 < >로 표기하였습니다.
3. 도판 설명 글과 책 뒷부분의 주는 편집자가 쓰고, 저자가 감수 및
    보완하였습니다.

전염병은 공간을 바꾸고, 공간은 사회를 바꾼다

거짓 선지자들의 시대

가장 어려운 운동은 무엇일까? 야구, 서핑, 권투, 웨이트 트레이닝, 축구, 농구, 테니스 등을 하는 만능 스포츠맨 친구 말로는 자신이 해 본 운동 중 가장 어려운 것은 골프였다고 한다. 웨이트 트레이닝을 할 때에는 한두 개의 관절만 사용하는데, 골프는 발가락 끝부터 머리끝까지 모든 관절을 사용하기 때문에 그중 한 개만 삐끗해도 공이 제대로 맞지 않기 때문이라는 거였다. 미래를 예측하는 것도 그렇다. 여러 요소 중 한 개만 잘못 예상해도 결과는 엉뚱하게 나온다. 대표적인 사례가 역사상 가장 위대한 미래학자라 할 수 있는 앨빈 토플러의 '전자 오두막(electronic cottage)' 예언일 것이다. 그는 1980년 그의 저서 『제3의 물결』에서 미래는 정보화 시대가 될 것이라고 예측했다. 그리고 미래에 텔레커뮤니케이션 기술이 발전하면 사람들이 회사에 출근하지 않고 재택근무를 하게 되어 도시를 떠나 숲속에 오두막을 짓고 살게 될 거라고 예측했다. 그런데 기술은 완성되었지만 정작 뚜껑을 열어 보니 예상과 달랐다. 직장 상사들은 부하 직원이 집에서 일하는 것을 원치 않았다. 직장 상사는 부하 직원이 자신보다 먼저 출근해서 본인이 감시하는 눈앞에서 일하기를 원했다. 인터넷과 컴퓨터가 발전해도 여전히 사무실로 출근했고 도시에 모여 살았다. 예측이 빗나간 이유는 인간의 권력 욕구라는 본능을 계산에 넣지 않았기 때문이다. 사람들은 텔레커뮤니케이션이 발전하면 먼 나라의 모습도 TV나 컴퓨터 모니터로 볼 수 있으니 굳이 해외여행을 가지 않게 될 거라는 예상도 했다. 하지만 TV에서 <걸어서 세계속으로> 프로그램을 본 시청자는 그 모습을 직접 확인하기 위해 비행기를 타고 해외로 떠났다. 예상과는 반대로 지난 수십 년간 해외여행객 숫자는 폭발적으로 늘어났다. 그러다가 코로나19라는 전염병의 변수가 생겨나자 재택근무가 시작됐고, 해외여행이 사라졌다. 권력 욕구보다 생존 욕구가 더 컸기 때문이다. 이러한 본능적인 요소의 힘들이 어느 정도로 어떻게 작용할지 잘 알 수 없기 때문에 보통 과학자들이 미래가 12시 방향으로 갈 것이라고 예측하면 대부분 2시나 11시 방향으로 가게 된다.

전 국립생태원장 최재천 교수는 2020년의 코로나 사태를 지구 온난화에 의해서 만들어진 하나의 현상으로 설명한다. 동물은 각 종마다 다른 방식으로 바이러스에 대응한다고 한다. 사람의 경우에는 바이러스가 침투하면 면역 체계에서 민감하게 반응해 바이러스를 죽이려는 전략을 취한다. 반대로 여러 동물과 접촉하고 수많은 개체 수가 모여서 사는 박쥐의 경우에는 바이러스와 공존하는 전략을 취한다고 한다. 그러다 보니 박쥐는 몸 안에 여러 종류의 바이러스를 품고 살아가게 된다. 이런 박쥐와 인간이 접촉하게 되면 인간은 바이러스 감염에 노출된다. 그런데 다행히 인간은 주로 사계절이 명확한 온대 지방에 도시를 만들어 살고 있고, 박쥐는 주로 기온이 높은 더운 지방에서 서식하고 있어서 둘의 서식지가 겹치는 부분이 많지는 않았다. 그런데 지구 온난화가 진행되면서 열대 기후 지역에 살던 박쥐들이 기온이 오른 온대 지역(인간의 생활 공간)으로 점점 이동해 오게 되면서 인간과 박쥐가 만날 가능성이 늘어났고, 그런 가운데 박쥐에 의해서 코로나 바이러스가 인간 세계로 전파되었다는 것이 최재천 교수의 설명이다. 따라서 지구 온난화가 계속되는 한 또 다른 전염병이 발병할 가능성이 높다. 지구 온난화는 시베리아 동토를 녹이고 과거에 활동했던 바이러스나 박테리아가 세상에 나올 가능성도 높인다. 시베리아 동토에 얼어서 갇혀 있던 메탄가스도 대량으로 공기 중에 분출되어 지구 온난화를 가속화시킬 거라는 우려도 제기된다. 우리가 살고 있는 시대는 기후 변화와 전염병의 시대라고 해도 과언이 아니다.

코로나19는 모여야 살 수 있었던 인간 사회를 반대로 모이면 위험한 사회로 만들었다. 인간은 항상 변화하는 세상을 예측하고 미래를 알기 위해 노력한다. 정확한 예측만이 생존 확률을 높여 주기 때문이다. 5천 년 전 이집트에서는 다가올 나일강의 범람을 예측했던 사람만이 살아남을 수 있었다. 21세기에도 우리는 살아남기 위해 집값과 주가를 예측하려고 노력한다. 그리고 지금은 코로나 이후 세상이 어떻게 바뀔지 궁금해 한다. 그래야 살아남을 수 있기 때문이다. 건축을 전공한 사람으로서 나 역시 앞으로의 공간이 어떻게 바뀔지 예측해 보려고 시도했다. 이 책은 그 추측의 산물이다. 미래를 바꾸는 변수에는 기술 발달, 전염병, 기후 변화 등 여러 가지 요소가 있을 것이다. 어떤 변수는 지속될 것이고 어떤 변수는 사라질 것이다. 예를 들어서 지금이라도 완전한 백신이 나온다면 전염병이라는 요소는 변수에서 사라질 수도 있다. 하지만 기술 발달이나 기후 변화라는 변수는 남아 있을 것이다. 따라서 이 책을 읽을 때에는 예측의 결과보다는 생각의 과정에 무게중심을 두는 것이 좋다. 시대가 급변하고 위기의 시간이 오면 미래에 대해 이야기하는 온갖 선지자들이 등장한다. 그중 상당수는 후대에 거짓 선지자로 판명될 것이다. 워낙에 많은 변수가 있기 때문에 미래를 예측한다는 것은 사실상 불가능하다. 따라서 나 역시 거짓 선지자 중 한 명이 될 수도 있다. 그런 위험을 감수하더라도 이 책을 내놓는 것은 더 다양한 전공의 사람들이 다각도에서 예측할수록 사회가 올바른 방향으로 갈 가능성이 높아진다고 믿기 때문이다.

마스크가 만드는 관계와 공간

45센티미터 이내에 들어오는 사람은 특별한 관계의 사람이다. 연인이나 부모 자식 정도만 그 거리 안에 들어온다. 그런데 만원 버스나 지하철을 탔을 때에는 모르는 사람과도 45센티미터 이내로 가까워진다. 만원 버스나 지하철에서 불쾌감을 느끼는 이유다. 가까운 사이도 아닌데 45센티미터 안에 들어와서 마음이 불편한 거다. 가끔은 모르는 사람과 가까운 거리에 있어도 기분이 좋은 경우가 있다. 클럽에서 춤출 때다. 그 이유는 입구에서 문지기가 힘들게 나같이 분위기에 어울리지 않는 사람을 골라내서 못 들어가게 선별했기 때문이다. 그래서 그 안에 들어간 당신은 기분이 좋은 것이다. 물론 클럽에서 당신은 기분이 좋아도 플로어 맞은편에서 춤추는 상대방은 안 좋을 수도 있다. 특히 그 분이 뒷걸음질을 쳤다면 확실하다. 이처럼 관계는 사람 간의 거리를 결정한다. 그리고 사람 간의 거리는 공간의 밀도를 결정한다. 공간의 밀도는 그 공간 내 사회적 관계를 결정한다. 코로나19라는 전염병은 사람과 사람 사이의 간격을 바꾸었다. 가까웠던 사람들도 멀리 떨어지게 만들었다. 극장, 야구장, 공연장에 갈 수가 없게 되었다. 사람 간의 간격이 바뀌자 사람 간의 관계가 바뀌었고, 사람 간의 관계가 바뀌자 사회도 바뀌고 있다.

대인 관계의 가장 기본은 타인의 얼굴을 보고 나의 얼굴을 보여 주는 것이다. 더 가까운 사람과는 신체적 접촉인 악수를 한다. 코로나19는 이 둘 다 못하게 만든다. 인간의 눈은 다른 동물과는 다르게 흰자위가 큰 부분을 차지하고 있다. 이는 이 사람이 멀리서도 다른 사람이 어디를 쳐다보는지 알 수 있도록 진화된 것이라고 과학자들은 설명한다. 동물들은 눈동자에 흰자위가 거의 보이지 않기 때문에 어디를 바라보는지 멀리서는 파악하기 어렵다. 인간이 다른 동물을 압도할 수 있었던 것은 언어와 표정 등을 통해 집단 내에서 의사소통이 잘 됐고 따라서 집단의 규모를 키울 수 있었기 때문이다. 우리는 높은 인구밀도의 공간을 만들고 그 안에서 여러 사람과 관계를 맺고 그 가운데서 다른 사람들의 심리를 파악하기 쉬운 쪽으로 진화했다. 심리를 파악하는 데 가장 중요한 것은 표정이다. 그런데 코로나 때문에 우리는 마스크를 쓰고 다녀야 한다. 마스크는 얼굴을 가리고 표정의 대부분을 가린다. 인간은 놀라울 정도로 미세한 안면 근육의 움직임을 통해 상대방의 심리 상태를 파악한다. 그런데 온라인 강의나 화상회의 시 낮은 해상도의 작은 모니터 상으로는 표정을 제대로 파악하기 어렵다. 상대방의 상태를 파악하지 못하는 상태에서 대화를 진행해 나가니 불안감과 스트레스가 늘어난다. 최근의 연구에 의하면 화상회의 화면 속에서 동시에 너무 많은 사람의 표정을 파악해야 하는 것도 또 다른 스트레스를 유발하고 있다고 한다. 이래저래 현재의 상황에서는 마음이 통하는 깊은 관계의 발전을 이루기가 어렵다. 온라인상으로 만들어지는 관계는 오프라인 공간에서 만들어지는 관계에 비해 피상적이 되기 쉽다. 이러한 것들이 여기저기서 조금씩 쌓여 우리의 삶 전체를 바꾸고 있다.

마스크는 우리 도시 풍경도 바꾸고 있다. 마스크를 쓴 사람들이 있는 거리와 그렇지 않았던 거리의 풍경은 사뭇 다르다. 건축물에도 이와 같은 사례가 있다. 우리의 도시는 과거 아파트 발코니에 널린 빨래들을 통해서 안에 있는 사람들의 삶의 모습을 엿볼 수 있었다. 그리고 그런 모습들이 도시의 표정이었던 시절이 있었다. 발코니 확장으로 이 모든 표정들은 반사되는 유리창 뒤편으로 숨어 버리게 되었고, 도시의 모습은 삭막해졌다. 마스크는 마치 발코니에 달린 알루미늄 새시 유리창처럼 모든 사람의 표정을 지워 버렸다. 인간의 감정이 지워진 공간은 삭막하다. 예전에 어린이 TV 프로그램 <꼬꼬마 텔레토비>를 보면 섬뜩했는데, 그 이유를 생각해 보면 텔레토비는 표정 변화가 별로 없어서였던 것 같다. 텔레토비는 눈을 깜빡이고 입만 조금 움직일 뿐 다른 안면 근육의 변화가 전혀 없다. 마스크를 쓴 사람들로 가득 찬 이 도시는 활력을 잃고 점점 텔레토비 마을처럼 되어 가는 듯하다.

전염병, 인류, 도시

인류사에 2020년은 코로나19가 전 세계를 강타한 해로 기억될 것이다. 「뉴욕 타임스」 칼럼니스트 토마스 프리드먼은 예수가 태어난 해를 기점으로 해서 예수 탄생 이전을 뜻하는 BC(Before Christ)와 예수 탄생 이후를 뜻하는 기원후 AD(Anno Domini)를 이제는 코로나 이전을 뜻하는 BC(Before Corona)와 코로나 이후(After Corona)를 뜻하는 AC로 써야 할지 모른다고 이야기했다. 그만큼 코로나19는 전 세계적으로 큰 영향을 끼쳤다. 코로나 전염병의 충격이 대단하긴 하지만 5천 년 인류사를 살펴보면, 전염병은 그렇게 새로운 이야기가 아니다. 문명이 발생하려면 도시가 필요하다. 인구밀도가 높은 도시가 만들어지려면 전염병의 문제가 해결되어야 한다. 최초의 문명은 메소포타미아와 이집트 같은 건조기후대에서 발생했다. 건조기후는 전염병의 전파가 최소화될 수 있는 조건이었기 때문이다. 중세 시대가 끝나고 르네상스가 시작된 것은 흑사병이라는 전염병의 영향이 크다. 흑사병이 유럽을 강타하는 과정에서 천 년 동안 유럽을 지배했던 교회의 힘이 약해졌기 때문이다. 혹자는 1919년 3.1운동도 1918년에 한반도를 강타한 스페인독감으로 피폐해진 환경이 촉매제가 됐을 수도 있다는 주장을 펴기도 한다. 이처럼 전염병은 언제나 인류 역사에 영향을 미쳐 왔다. 코로나 전염병도 반복되는 역사의 과정 중 하나일 뿐이다. 이러한 접근이 코로나 사태를 차분하게 대응하는 첫 단추라고 생각한다.

코로나는 향후 사회 진화의 방향을 15도 정도 틀 수는 있겠지만 코로나로 인해서 미래가 180도 바뀔 것 같지는 않다. 많은 전문가들은 코로나로 인해서 기존의 사회 변화의 방향이 바뀌는 것이 아니라 지난 수십 년간 진행돼 오던 변화의 방향과 같은 방향으로 가속도가 붙을 거라고 보고 있다. 기존 변화의 방향이라는 것은 비대면화, 개인화, 파편화, 디지털화를 말한다. 지금의 비대면 소비와 같은 변화는 1990년대 인터넷

보급 이후 30년간 진행되어 오던 방향이었고 코로나는 그 변화의 속도를 빠르게 가속시키고 있다. 지난 수십 년간 오프라인 공간에서 이루어지던 많은 행위가 온라인 공간으로 이동해 왔고, 그 이동은 코로나로 인해 더 빨라지고 있다. 일반적으로 세상의 변화에 느리게 반응해 오던 교육부와 대기업도 원격수업과 재택근무를 시행했다.

향후 온라인 쇼핑, 재택근무, 온라인 수업, 원격진료의 비중이 늘면서 산업 구조와 도시 공간 구조의 재구성이 촉진될 것이다. 혹자는 텔레커뮤니케이션의 발달로 대면하지 않아도 다른 사람을 만날 수 있으니 전염병의 위험을 피해서 대도시가 해체될 거라고 예측하기도 한다. 하지만 나는 대도시가 해체될 것이라는 의견에는 동의하기 어렵다. 백화점은 온라인 쇼핑과 편의점으로 대체되고, 학교 교실 수도 줄어들 것이다. 재택근무, 온라인 수업, 원격진료가 확대되면 한적한 교외로 이사 가는 사람들도 있을 것이다. 자율주행 자동차가 상용화되면 교외로의 인구 이동은 더 늘어날 것이다. 하지만 인터넷에서 정보를 습득하고 SNS나 화상 통화를 통해 다른 사람들과 연결될 수 있다 하더라도, 사람들은 추가로 오프라인 공간에서 다양한 사람을 만나는 것을 포기하지 않을 것이다. 그 이유는 온라인상의 관계만 맺는 것보다는 온라인과 오프라인의 기회를 동시에 가질 때 더 유리하기 때문이다. 연애할 때 화상 통화가 된다고 손잡는 데이트를 포기하는 사람이 있을까? 마찬가지로 사업적인 기회 역시 비대면 방식 하나보다는 비대면과 대면 두 가지 기회를 가진 업체가 더 유리할 것이다. 그래서 앞으로도 대도시를 선호하는 사람은 항상 있을 것이다.

경제적인 이유뿐 아니라 본능에 대해서도 고려해 봐야 한다. 우리는 인간이 동물이라는 사실을 자주 잊으면서 산다. 수십만 년간 진화해 온 유전자에 각인된 동물적 특징은 대부분의 의사 결정 과정에서 결정적인 영향을 끼친다. 인간은 유전자에 각인된 짝짓기 본능을 가지고 있다. 코로나 사태에도 붐비는 클럽과 헌팅포차를 보면 오프라인 공간이 왜 필요한지 알 수 있다. 인간은 신체를 가졌기에 오프라인에서 만나야 할 이유가 여러 가지 있다. 그래서 지난 5천 년 동안 그랬던 것처럼 앞으로도 인간이 모이려는 경향은 크게 바뀌지 않을 것이다. 물론 14세기의 흑사병처럼 우리가 손을 쓸 수 없는 수준의 전염병이 생긴다면 이야기가 다르다. 하지만 우리는 14세기보다 더 많은 바이오테크놀로지(BT) 기술을 가지고 있고, 앞으로 각국 정부와 연구소 등의 연합 대응 시스템도 더 갖추어질 것이다.

공간의 해체와 재구성, 권력의 해체와 재구성

우리가 보는 많은 권력은 공간이 만드는 보이지 않는 손에 의해서 만들어진다. 일반적으로 시선이 모이는 곳에 위치한 사람은 권력을 가진다. 예를 들어서 교실에서 의자는 모두 칠판을 향해 놓여 있다. 교실에 앉으면 수십 명의 학생들은 앞을 바라보게 된다. 이때 앞에 서 있는 선생님이 권력을 갖게 된다. 학교는 지식 전달이라는 기능을 가진다. 지식을 전달받기 위해서 학생들은 교실에 모여야 했고, 지식을 전달해 주는 칠판과 선생님을 쳐다봐야 했다. 학교 건물과 교실은 그런 기능에 맞게끔 디자인되었다. 그런데 그렇게 만들어진 공간은 부수적으로 선생님에게 권력을 이양한다. 줄을 맞춰서 앉아 있는 아이들은 '수업 시간'이라는 시간적인 통제를 받을 뿐 아니라, 공간적으로도 옴짝달싹 못하는 제약을 받게 된다. 이러한 시간적 공간적 제약은 쉽게 벗어 버릴 수 없다. 이 시공간적 제약이 곧 사회 시스템이다. 공간이 만드는 사회 시스템이 주는 제약은 보이지 않게 사람을 조종한다. 이때 공간이 만드는 권력의 크기는 모이는 사람의 숫자와 비례한다. 더 많은 사람이 모여 있는 곳에는 공간에 의해서 더 큰 권력이 만들어진다. 그런데 전염병이 창궐하는 상태에서는 많은 사람이 모일수 없다. 학생들은 학교에 가는 대신 집에서 온라인으로 수업을 듣는다. 등교해 교실에서 선생님을 바라보는 것이나 온라인 동영상 강의에서 선생님을 바라보는 것은 선생님을 바라본다는 점에서는 같다. 하지만 모니터상의 선생님을 혼자 보는 것과 교실에서 수십 명의 아이들과 함께 선생님을 보는 것은 공간 구조가 만드는 권력이라는 관점에서 완전히 다르다. 혼자 볼 때에는 선생님의 권위가 줄어든다. 또 다른 차이는 온라인 수업은 시간적 제약이 없다는 점이다. 동영상 강의는 아무 때나 듣고 싶을 때 들으면 된다. 사람에게 시간적, 공간적으로 자유를 많이 줄수록 관리자의 권력은 줄어든다. 따라서 코로나 이후 바뀌는 수업의 형태는 기존의 학교 건축 공간이 만들었던 권력의 구조를 깨뜨리게 될 것이다.

향후 학교 기능의 많은 부분은 경우에 따라 온라인과 오프라인 공간으로 나누어져 행해질 것이다. 이렇게 재구성된 공간은 다른 형태의 권력 구조를 만들 것이다. 마치 인터넷 데이터 전송 속도가 빨라지고 스마트폰이 개발되면서 케이블 방송이 가지고 있던 미디어 권력이 넷플릭

스같이 인터넷으로 영화, 드라마 등 각종 영상을 제공하는 OTT(Over-The-Top) 기업이나 유튜버들에게 넘어간 것과 마찬가지다. 미디어에서 권력의 이동은 광고 수익을 누가 더 많이 차지하느냐로 명확하게 판명 났다. 2019년 가을에 방영한 드라마 <스토브리그>가 시청률 1위를 하고도 광고 수익면에서 적자였다는 사실은 충격적이다. 얼마 전 유튜버들의 간접 광고가 크게 문제된 것도 단순한 도덕적 문제를 넘어서 변화한 세상에서 기존 미디어와 새로운 미디어 간의 권력 경쟁의 갈등이라고 볼 수 있다. 공간 구조가 바뀌면 권력의 구조가 바뀐다. 우리는 향후 몇 년간 급속도로 바뀌는 권력 구조의 재편을 보게 될 것이다.

이런 변화를 수동적으로 구경만 해서는 안 된다. 명확한 목표를 가지고 그에 맞게 공간 구조를 새롭게 구성하는 디자인을 할 필요가 있다. 우리의 목표는 무엇인가? 더 많은 사람이 행복한 사회를 만드는 것이다. 그러기 위해서는 어렴풋이나마 미래에 대한 그림을 상상해 보고 그런 세상이 되기 위해서 어떤 공간 구조를 만들어야 할지 준비하는 노력이 필요하다. 20세기 초에 백화점이나 오피스 빌딩이라는 새로운 건물 양식이 나왔던 것처럼 포스트 코로나 시대에 맞는 새로운 건물 양식이 발명되어야 할 것이다. 도시적인 스케일에서의 공간 구조 변화도 수반되어야 한다. 많은 곳에서 도시 재생과 재건축도 이루어져야 할 것이다. 전반적인 공간 리모델링이 시작될 시점이다. "공간 디자인이 바뀌면 사회가 바뀐다." 이 책을 읽으면서 어떤 공간을 만들어서 어떤 사회를 만들지 생각해 보는 시간이 되면 좋겠다.

마지막으로 이 책을 만드는 데 도움을 주신 을유문화사의 김경민 편집장님, 옥영현 실장님, 김지현 님께 감사드린다.

차례

스님 vs 목사님

시공간 공유가 만드는 공동체 의식

이슬람교가 기도를 하루에 다섯 번 드리게 하는 이유

전염병이 만드는 종교 권력의 해체와 재구성

1장.

마당 같은
발코니가
있는
아파트

중산층 집이 '방 세 개 아파트'인 이유

중산층 아파트는 왜 방 세 개에 화장실 한 개일까? 우리가 당연하게 생각하는 삶의 형태는 알고 보면 필연적 배경이 있다. 1970년대 시골을 떠나 도시로 옮기면서 한집에 할머니, 할아버지 없이 부모와 자식 세대 2대만 사는 '핵가족' 시대가 열렸다. 당시 우리나라 국민의 5퍼센트 정도만 도시에 살았고 95퍼센트의 사람은 시골에 살았다. 지금은 91퍼센트의 인구가 도시에 살고 있다. 1970년대부터 수십 년 동안 인구의 86퍼센트가 시골에서 도시로 이사한 것이다. 도시로 인구가 갑작스럽게 몰리면서 집이 많이 필요하자 좁은 땅에 많은 집을 지을 수 있는 고층 주거인 아파트가 생겨났다. 늘어나는 인구 문제를 해결하기 위해 동시에 실행된 인구 정책은 '둘 만 낳아 잘 기르자'였다. 이렇게 부모와 아이 둘이라는 '4인 가족'이 가족 구성의 표준이 되었다. 이때 두 자녀가 방 하나씩 쓰고 부부가 한 방을 사용하면 방이 세 개 필요했다. 방 세 개의 아파트 평면도가 표준 모델이 된 것이다. 과거의 일터는 논이나 밭이었다. 밖에서 땀 흘려 일하니 일하러 가기 전에 씻을 필요가 없었다. 직장 동료도 친한 이웃이었다. 그런데 도시에서 일하면서 모든 것이 바뀌었다. 우선 직장 동료는 옆집에 사는 이웃이 아니었다. 근무하는 공간도 야외가 아니라 실내 공간으로 바뀌었다. 출퇴근 시에도 버스나 지하철 같은 대중교통에서 불특정 다수와 좁은 공간에 같이 있어야 했다. 환경이 이러다 보니 일하러 나가기 전에 씻어야 했다. 매일 샤워하는 라이프 스타일이 자리 잡으면서 화장실에 샤워 시설이 설치되었다. 이렇게 방 세 개와 화장실 하나의 중산층 주거 평면이 완성됐다. 방 세 개, 화장실, 부엌을 넣다 보니 중산층 주택의 크기는 85제곱미터(약 26평)라는 기준이 만들어졌다. 시간이 지나 맞벌이 부부가 늘고 아침에 여러 명이 동시에 화장실을 사용할 일이 많아지면서 중산층 주거 평면에 화장실이 두 개로 늘어났다.

예전에는 방에 요를 깔고 이불을 덮고 잤다. 아침에 일어나면 이불을 거둬 장롱에 넣고 그 자리에 밥상을 놓고 온 가족이 모여 앉아 밥을 먹었다. 같은 자리가 시간에 따라 잠을 자는 자리로 쓰이다가 밥 먹는 자리가 되었다. 밥상에서 음식 그릇을 치우면 공부하는 책상이 되었다. 한 공간이 시간에 따라 다양한 용도로 사용되었다. 여권이 신장되면서 가사 노동을 줄이는 쪽으로 문화가 발전했다. 세탁기가 상용화되었고 이부자리를 깔고 치우는 노동을 줄이기 위해 '침대'를 사용하기 시작했다. 침대는 공간적으로 하루 8시간만 사용하지만 자리는 24시간 차지하는 장치다. 침대는 공간을 낭비하는 '공간적 사치'다. 평당 2천만 원짜리 집에 산다면 침대 하나당 4천만 원을 쓰고 있는 셈이다. 서양에서 침대를 사용한 이유는 난방 시스템이 '온돌'이 아니었기 때문이다. 온돌 난방을 하는 우리나라 집의 가장 따뜻한 곳은 방바닥이다. 추운 겨울에는 이불을 깔고 방바닥에 가깝게 잠을 자야 한다. 온돌이 없는 서양의 경우에는 반대로 바닥은 춥고 위로 올라갈수록 따뜻하다. 더운 공기가 위로 올라가고 차가운 공기는 아래로 내려가기 때문이다. 그러니 밤에 춥게 자지 않으려면 바닥에서 올라간 높은 침대를 써야 했다. 그래서 과거의 침대는 지금보다 훨씬 높았다. 이러한 서양의 침대 문화가 우리나라에 들어오면서 방이 좁아졌다.

거실에는 4인 가족이 모여서 TV를 볼 '소파'도 생겼다. 소파 역시 자리를 차지하는 가구다. 방바닥에 앉아서 상을 놓고 밥을 먹다가 의자에 앉아 식탁에서 밥을 먹게 되자, 식탁 놓을 자리도 필요해졌다. 방이라는 하나의 공간이 서너 개의 기능을 했었는데 이제는 여러 가지 다른 기능을 하는 서너 개의 공간으로 나누어졌고, 더 넓은 집이 필요해졌다. 침대, 소파, 식탁을 놓게 되면서 좁아진 집을 해결한 편법이 '발코니 확장법'이다. 이미 지어진 집을 부수고 다시 지을 수 없으니 발코니를 실내 공간으로 전용해서 사용하는 방법을 택한 것이다.

85제곱미터가 넘는 아파트의 평면을 만들면 여러 가지로 세금의 기준이 달라진다. 세제 혜택을 유지하기 위해서 공식적인 면적은 85제곱미터로 유지하면서 더 넓은 실내를 갖는 집을 지어야 했다. 궁여지책으로 찾은 방법이 '발코니 확장법'이다. 면적에 포함되지 않는 서비스 면적인 발코니를 확장해서 집을 넓히되 공식적으로는 85제곱미터를 넘지 않는 아파트를 만드는 편법이다. 이렇게 실내 면적을 늘렸고, 그 늘어난 공간에 우리는 물건을 더 사서 채워 넣을 수 있었다. 어렸을 적에는 신발 한 켤레로 일 년을 살았다면 지금은 여러 켤레의 신발을 가지고 있다. 옷도 더 늘어났다. 소유한 물건이 몇 배 늘어났다. 발코니 확장을 통해서 얻은 공간이 있었기에 물건을 더 살 수 있게 됐다. 발코니 확장은 우리나라의 소비를 확대시켰고 결과적으로 제조업을 활성화시킨 '공간적 촉매제'가 되었다. 소유할 제품이 늘어나면 소유한 실내 공간의 크기를 키워야 하고, 공간의 크기를 키우면 다시 소유물을 늘리는 순환 고리가 된다. 우리는 풍요로워졌지만, 동시에 공간과 물건을 키우고 늘리기 위해서 피곤하게 살아왔다. 물건을 더 소유할수록 집은 더 좁게 느껴졌는데, 그러다가 2020년 코로나는 우리의 집에 또 다른 변화를 가져왔다.

1장. 마당 같은 발코니가 있는 아파트

155퍼센트 늘어난 집의 의무

코로나로 인해서 '돌밥돌밥'이라는 말이 생겼다. 밥 먹고 돌아서면 밥 먹을 때라는 말이다. 하루 종일 가족과 집에서 지내다 보니 만들어진 말이다. 재택근무를 하면 좋기만 할 줄 알았는데, 집에서 더 스트레스 받는 가정주부와 직장인이 의외로 많다. 집도 마찬가지로 스트레스를 받는다. 회사로 출근하던 어른이 집에서 재택근무를 하고, 학교에 가야 할 자녀들도 집에서 온라인 수업을 듣는다. 이전에는 주중의 낮 시간 동안 아이들은 학교에 가고, 일하는 어른은 회사에 가 있었다. 실질적으로 집이라는 공간은 저녁 7시부터 아침 7시까지 12시간과 주말 48시간 포함, 일주일에 총 108시간 정도 사용되었다. 나머지 시간대에 집은 인구밀도가 낮은 공간이었다. 그러다가 재택근무와 홈스쿨링을 하게 되면서 집에서 보내는 시간은 7일 × 24시간 = 168시간이 되었다. 집에서 보내는 시간이 평소보다 155퍼센트까지 늘어났다. 이는 기존의 집이 감당해야 하는 용량을 1.5배 초과한 것이다. 집이라는 공간에 과부하가 걸리니 사용자도 불편해졌다. 실제로 집에서 보내는 시간이 늘어나면 집의 크기도 그만큼 커지는 것이 맞다. 집에서 보내는 시간이 1.5배 늘어났으니 반대로 집이 1.5배 작게 느껴지는 것이다. 하루 중 잠자는 시간을 제외한 깨어 있는 시간 동안만 계산하면 집에 있는 시간은 두 배 늘어났다. 깨어 있는 시간만 보면 집은 반으로 줄어든 느낌이 든다.

　코로나 사태로 인해서 재택근무와 온라인 수업 등 많은 일을 집이 감당하게 되었다. 더 많은 일을 집에서 하려면 더 큰 집이 필요하다. 그런데 당장 재건축을 할 수도 없고, 더 비싼 큰집으로 이사 가기도 어렵다. 그렇다고 직장으로부터 먼 외곽으로 나가기도 힘들다. 이러한 문제는 향후 두 가지 방법으로 해결하려고 할 것 같다.

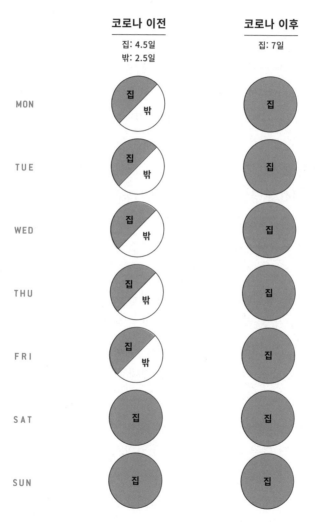

집에 머물러 사용하는 시간이 155%까지 늘어났다.

4도3촌과 가구의 재구성

첫 번째는 재택근무를 하거나 온라인 수업을 들어도 되는 날에는 지방에서 시간을 보내는 라이프 스타일로 바뀔 수 있다. 일주일에 4일 정도는 도시 속 비좁은 집에서 보내고, 3일 정도는 넓은 공간을 즐길 수 있는 지방에서 보내는 것이다. 마치 집은 좁은 원룸에 살면서 답답할 때마다 카페에 가서 시간을 보내는 것과 마찬가지다. 이처럼 나흘은 도시에서 사흘은 지방에서 보내게 되면 지방에서의 소비가 늘면서 지방 균형 발전이 이루어질 수 있다. 이제는 균형 발전을 위해 주민등록 거주지를 옮기는 것은 중요하지 않다. 대신 그 사람이 어느 지역에서 얼마의 시간을 보내며 돈을 쓰느냐가 중요하다. 교통수단과 통신 수단의 발달로 시간 거리가 줄어들고 공간의 의미가 바뀌었기 때문에 만들어진 변화다.

그런데 이런 방법은 경제적, 시간적 여유가 있는 사람만 가능하다. 보통 사람들이 할 수 있는 좀 더 실질적인 방법은 두 번째 방법인 가구를 줄이는 것이다. 인기 예능 TV프로그램 <나 혼자 산다>에서 출연자 '화사'는 거실에 소파 대신 안방에 있던 침대를 옮겨 놓고 사는 모습을 보여 주었다. 혼자 지내다 보면 편하게 누울 수 있는 침대가 가장 편하다. 실제로 우리나라에서는 소파에 앉기보다는 눕는다. 한 사람이 소파에 누우면 다른 가족들은 바닥에 앉아서 소파에 등을 기댄다. 이렇게 소파를 두 개의 다른 방식으로 사용하는 것은 우리나라만의 특징인데, 좌식 생활을 해 왔던 국민이었기에 가능한 일이다. 어차피 소파에 누워서 보낸다면 침대가 소파를 대체할 수 있다. 게다가 최

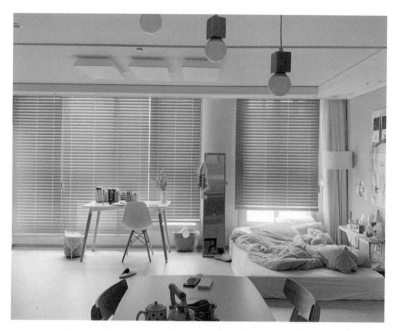
거실에 침대를 놓은 공간 구조

근 들어서는 거실에서 TV를 보는 것보다 혼자서 침대에 누워 스마트폰을 보는 경우가 많다. 그런데 침대가 있는 방은 거실보다 좁고 창문이 작아서 거실보다 어둡다. 반면 거실은 면적도 제일 크고 창문도 바닥까지 내려와서 밝고 쾌적하다. 호텔방과 아파트방의 차이는 창문턱의 높이 차이다. 보통 호텔방은 창문이 바닥까지 내려와 있지만 아파트 방의 창문턱은 높다. 침대를 거실로 옮겨 두면 공간적으로 업그레이드가 된다. 두 명이 산다면 거실은 공통의 공간이어서 침대를 둘 수 없지만, 혼자 산다면 이야기는 다르다. 이렇게 이미 사용자에 의해서 평면의 해체와 변형이 시작되었다.

1장. 마당 같은 발코니가 있는 아파트

4인 가족이 한 집에 살게 되면 각자의 방에서 생활하다가 온가족이 모일 수 있는 공공의 공간이 필요하다. 거실과 식탁이 놓이는 자리가 그런 공공의 공간이 되었다. 거실에 모여서 같은 드라마를 보기 위해 소파가 필요해졌고, 네 명이 같이 모여서 밥을 먹을 식탁도 필요해졌다. 그런데 이러한 4인 가족의 구성은 1~2인 가구로 바뀌고 있다. 현재 전체 가구 수의 60퍼센트가량이 일이인 가구다. 4인 가족 구성은 전체 가구 수의 16퍼센트밖에 되지 않는다. 4인 가족이 모여 앉아서 TV를 보는 것이 소파의 주요 기능이었는데, 요즘은 유튜브와 넷플릭스를 스마트폰이나 랩톱으로 본다. 이런 상황에서 1~2인 가구 집의 경우에는 굳이 소파와 침대를 분리해서 다른 장소에 둘 필요가 없다. 거실과 침실을 하나로 합치고, 소파와 침대를 하나로 합치면 더 넓은 방을 갖게 된다.

과거에는 개인용 책상과 가족이 모이는 식탁이 따로 필요했는데, 일이인 가구가 되면 책상과 식탁을 분리할 필요가 없다. 그냥 하나의 큰 책상을 다용도로 사용하면 된다. 거실에 큰 테이블을 놓고 음식을 준비할 때는 부엌 가구처럼 사용하고 식사를 마친 다음에는 오피스 책상으로 사용할 수 있다. 더 좁은 원룸의 경우에는 침대를 접거나 천장으로 올려서 사라지게 하는 방식을 택할 수도 있다. 최근 내가 디자인한 일인 가구의 주거에는 천장고를 높이고 침대를 천장으로 올라가게 하여 침대가 있던 자리를 오피스 공간으로 사용할 수 있게 만들었다. 과거 4인 가족 시대에는 부엌과 식탁이 하나로 묶였다면, 일이인 가구 시대에는 식탁과 책상이 하나로 묶이는 것이 맞다. 자연스럽게 부엌, 식탁, 거실이 한데 모여 있는 쓰리베이 아파트의 평면은 미래에는 거실과 침실, 식탁과 책상이 하나로 묶이는 공간으로 재구성되는 것이 맞다.

기존의 집은 잠을 자는 곳은 침실, 쉬는 곳은 거실, 음식을 준비하는 부엌으로 공간을 분리했다. 그리고 그 공간 안에 각각 다른 가구를 배치했다. 기능에 따라 공간과 가구를 나누는 것은 근대적 사고 방식의 산물이다. 현대 사회는 기능에 따라 물건이 나누어지기보다는 합쳐지는 추세다. 예를 들어서 과거에는 전화기와 컴퓨터가 따로 있었지만 지금은 둘이 합쳐져서 스마트폰이 되었다. 요즘은 TV를 온 가족이 함께 볼 일이 없기 때문에 거실에서 이어폰을 끼고 혼자 TV를 시청할 수 있다. 그럴 때 옆에 있는 식탁에서 누가 공부를 해도 크게 문제되지 않는다. 한 공간에서 여러 사람이 다양한 행동을 할 수 있는 기술적 해결책이 만들어졌다. 소비와 행동의 개인화와 기술적인 발전은 공간의 의미를 바꾸고 있다. 이러한 경향에 맞추어서 가구들의 통폐합 혹은 융합이 되어 새로운 가구가 나오는 변화가 필요한 시점이다. 처음에는 가구에서 시작해서 나중에는 건축 평면상 방의 구획이 바뀌는 방향으로 가게 될 것이다.

1장. 마당 같은 발코니가 있는 아파트

부엌의 새로운 위치

새로운 주거 평면에서는 부엌이 창가로 가게 될 것 같다. 지금까지 부엌은 햇볕이 들지 않는 북쪽에 두는 것이 일반적이었다. 예전에는 냉장고가 없어서 음식이 상하는 것을 방지하기 위해 햇볕이 안 드는 북측에 부엌을 놓았다. 부엌일을 전담했던 여성의 사회적 지위가 낮았기 때문에 평면상 가장 안 좋은 위치에 배치한 이유도 있다. 싱크대도 벽을 바라보게 디자인되어서 일을 하는 동안에는 가족과의 관계가 단절되었다. 하지만 지금은 가족 구성원 누구나 부엌에서 일을 한다. 요리를 놀이라고 생각하고 즐기는 문화도 생겼다. 그리고 예전보다 음식을 할 때 발생하는 냄새에 민감해졌다. 소득 수준이 높아지면 처음에는 듣는 것에 민감해지고, 더 잘살게 되면 냄새에 민감해진다. 1980년대가 되자 매일 샤워하기 시작했고 1990년대 들어 남자도 향수를 쓰기 시작했다.

　지금은 음식을 준비할 때 냄새가 집 안에 퍼지는 것이 불편하다. 그래서 나는 원룸을 디자인할 때도 부엌을 복도 쪽이 아닌 환기가 잘되는 창가 쪽에 배치한다. 대부분의 원룸 부엌은 복도에 근접한 현관 가까이 안쪽에 위치하고 침대가 창가 쪽에 배치되어 있다. 그런데 그렇게 되면 음식을 할 때 발생하는 연기와 냄새는 웬만해서는 환기가 되지 않는다. 그리고 창가에서 자게 되면 암막커튼 없이는 깊은 잠을 자기 어렵다. 따라서 창문이 없어도 되는 화장실을 가장 안쪽인 복도 쪽에 배치하고, 침대는 복도와 창가 중간에 배치하고, 창가에는 부엌과 큰 테이블을 놓는 평면이 더 합리적이다. 낮에는 테이블에서 업무를 보고, 식사 준비할 때가 되면 랩톱을 치우고 요리 테이블과 식탁으로 사용하면 된다. 식사가 끝나면 창문을 열고 환기시킨 후 다시 업무를 보면 된다. 그리고 창가에 위치한 부엌 앞에 작더라도 나갈 수 있는 야외 발코니가 있다면 더욱 좋을 것이다. 음식을 해서 손쉽게 밖에서 식사를 할 수 있을 테니 말이다.

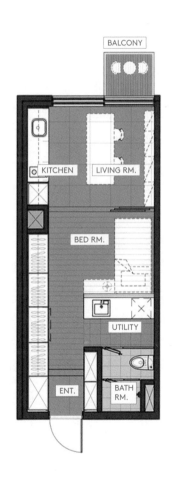

복도 쪽에 화장실을, 창가 쪽에
부엌을 배치한 원룸 평면도.
포스코 더샵 신수요 대응형
스튜디오 타입 평면(2020) 발코니형
(설계: 유현준건축사사무소, 이웨이)

　　　　　　　　　　　1장. 마당 같은 발코니가 있는 아파트

사적인 외부 공간의 필요

현재 도시에서 자연을 만날 수 있는 공간은 모두 공적 공간이다. 하늘을 볼 수 있는 자연은 공원이나 길을 걸으면서나 만날 수 있는데, 그런 공간은 모두 공공의 공간이다. 현대 도시에서 야외 공간은 세수라도 하고 옷을 챙겨 입고 나가야만 갈 수 있는 곳이며, 이름 모를 타인들과 함께 공유해야 하는 공간이다. 통상적으로 이런 공간은 소셜 믹스가 이루어지는 좋은 공간이지만 사회적 거리두기를 해야 하는 전염병이 있는 시대에는 위험한 공간이기도 하다. 집 밖에 나가지 않고 사회적 거리두기를 하면 자연을 만날 수 없게 된다. 이럴 때 마당이나 발코니라도 있으면 나가서 숨을 쉴 수가 있을 텐데 그렇지도 못하다. 국민의 50퍼센트는 마당이 없는 아파트로 이사를 갔고, 그 아파트의 발코니는 발코니 확장으로 실내 공간이 되었기 때문이다. 때문에 사회적 거리두기를 하면 자연과 격리된 가택 연금 상태가 된다.

향후 아파트는 발코니가 있는 구조로 신축되거나 리모델링될 필요가 있다. 그러려면 건폐율[1]과 용적률[2] 허용치를 상향 조정할 필요가 있다. 특히 건축물의 입면에서 발코니가 튀어나오게 되면 앞 동과의 거리를 규정하는 건축 법규가 문제된다. 우리나라에서는 채광을 위해 아파트 동과 동 사이의 거리를 띄우는 법규가 엄격하다. 지금의 이 법을 따른다면 이미 지어진 아파트에 발코니를 추가로 부착하는 리모델링은 불가능하다. 이 문제를 해결하기 위해서 돌출 발코니는 동과 동 사이의 거리를 계산할 때에는 빼주는 식으로 법을 개정할 필요가 있다.

발코니를 만든다 해도 기존 아파트에 있었던 발코니 위에 위층 발코니가 덮고 있다면 소용이 없다. 하늘을 볼 수 없고 비를 맞을 수 없는 발코니는 온전한 야외 공간이라고 할 수 없다. 발코니를 만든다면 적어도 2개 층 높이는 열려서 비도 들이치고 하늘을 볼 수 있는 발코니로 만들어야 한다. 아래층과 위층의 발코니를 엇갈리게 배치한다면 하늘로 열린 발코니를 만들 수 있다. 또 한 가지 문제는 발코니의 폭이다. 현재 우리나라 법규에서 실내 면적으로 계산하지 않는 발코니의 폭은 1.5미터다. 오래전에 지어진 아파트의 경우에는 벽 두께와 난간을 빼고 나면 1.2미터 남짓된다. 여기서는 빨래를 너는 것 외에는 별로 할 일이 없다. 최소한 2.5미터 폭은 나와야 두 세 사람이 마주보고 앉을 수 있다. 3미터 이상 된다면 마당같이 사용할 수 있을 것이다. 그런데 발코니가 무작정 길게 나온다고 좋은 것은 아니다. 길게 나온 발코니는 아랫집 입장에서 보면 긴 처마가 되어서 방으로 드는 햇볕을 차단하는 문제가 생긴다. 중간쯤에서 타협을 한다면 기존에 발코니 확장으로 사라졌던 1.5미터 발코니를 복원하고 그 앞으로 발코니를 1.5미터 더 내밀어 증축해서 총 3미터의 발코니를 만드는 것이다. 그러면 1.5미터 구간은 처마가 있는 발코니가 되고 바깥쪽 1.5미터는 비를 맞을 수 있는 테라스 같은 발코니가 만들어진다. 아랫집의 경우에는 1.5미터의 처마가 생기는 상황이지만, 대신에 그 집에도 이러한 3미터짜리 발코니가 생겨나기 때문에 햇빛을 받는 총량에 손해가 없다고 보아도 무방하다. 이상은 기존 아파트에 리모델링으로 발코니를 만들 경우고, 신축의 경우라면 더욱 적극적으로 디자인이 가능하다.

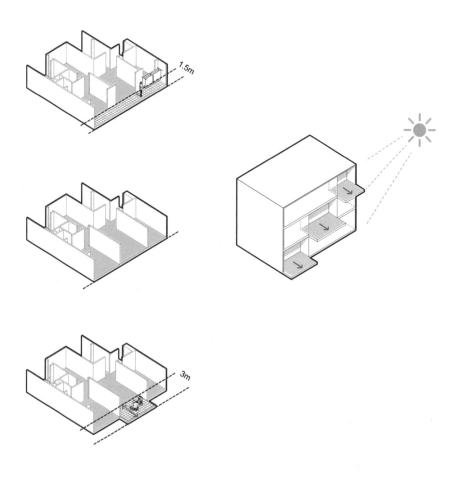

발코니 일부를 복원하고(1.5m), 1.5m를 더 확장한 발코니. 층마다 발코니의 위치를 달리해 아래층 햇볕을 차단하는 문제를 해결했다.

마당 같은 발코니가 있는 아파트 아페르 한강(설계: 유현준건축사사무소). 나무가 심긴 화단을
발코니 아래로 넣어서 발코니를 마당처럼 만드는 계획안이다.

1장. 마당 같은 발코니가 있는 아파트

나무를 심는 발코니

2015년에 엠포리스 스카이스크레이퍼 어워드Emporis Skyscraper Award
를 수상한, 밀라노에 지어진 '보스코 베르티칼레'의 경우를 보자. 이
아파트에는 발코니에 나무를 심어 놓았다. 건물 완공 후 수년이 흐른
후 이 아파트의 입면은 거의 숲이 되었다. 캐나다 건축가 모쉐 사프
디가 싱가포르에 설계한 아파트 '스카이 해비타트'의 경우에도 다양
한 형태의 발코니를 가지고 있게 계획되어 있다. 덴마크에 지어진 '마
운팅 드웰링Mountain Dwelling' 집합 주거는 모든 세대가 테라스를 가
지고 있다. OMA가 설계한 싱가포르의 '인터레이스Interlace'도 독특
한 형태를 가지고 있다. 이러한 아파트가 우리나라에 지어지지 못하
는 이유는 하나다. 현재 건축 법규를 따른 상태에서 이러한 건축물을
지으려면 너무 많은 건폐율과 용적률 손해가 나서 사업성이 없기 때
문이다. 건축 법규라는 것은 양질의 주거를 만들기 위해서 만들어진
법이다. 그런데 그 법규 때문에 좋고, 필요한 디자인이 만들어지지 않
는다면 그 법은 바뀌어야 한다. 포스트 코로나 시대에 맞는 아파트를
설계하기 위해서는 여러 가지 법의 철폐와 개정이 필요하다.

테라스 같은 발코니가 있는 아파트의 원조는 이스라엘 태생 건축가
모쉐 사프디가 설계해 1967년에 캐나다에 지어진 '해비타트 67'이다.
이 건물은 공장에서 제작한 콘크리트 패널들을 현장으로 옮겨서 조립
해 만든 아파트다. 추운 겨울에 공사하기 힘든 캐나다의 실정에 맞는
방식이었다. 각 세대는 위로 올라갈수록 뒤로 밀려나게 되었는데 그
렇게 함으로써 아파트의 각 세대는 정방형에 가까운 넓은 마당 같은

발코니에 나무를 심은 아파트
'보스코 베르티칼레'

세 개의 다리로 이어져 있는 '스카이 해비타트'.
다양한 형태의 발코니를 볼 수 있다.

파격적인 형태의 아파트 '인터레이스'

1장. 마당 같은 발코니가 있는 아파트

'해비타트 67' 건설 현장. 미리 제작한 콘크리트 패널들을 옮겨 와 조립하고 있다.

마당 같은 발코니가 있는 '해비타트 67'. 아파트 뒤쪽 아래에 쓸모없는 빈 공간이 많다는 단점이 있다.

발코니를 가지게 되었다. 이 아파트의 문제점은 위층으로 올라갈수록 세대가 뒤로 밀리면서 그 아래에 쓸모없는 빈 공간이 많이 생겨난다는 점이다. 덴마크 건축설계사무소 'BIG'는 '마운틴 드웰링'에서 이 문제를 해결했다. 이 프로젝트에서도 몬트리올 '해비타트'처럼 위층으로 올라갈수록 세대가 뒤로 밀리게 되어 있는데, 그 아래 공간을 넓은 주차장으로 사용하고 있다. 우리나라에 이러한 집합 주거가 나오지 못하는 이유는 법규 때문이다. 이런 디자인은 위에서 보았을 때 건물이 땅을 차지하는 면적이 넓은데 거기에 아파트 동과 동 사이를 띄어야하는 법규를 지키다 보면 기존의 판상형 아파트보다 세대수에서 너무 큰 손해가 나기 때문이다. 우리는 기본적으로 아파트 건물이 차지하는 면적을 최소화해서 아파트 동과 동 사이에 최소한의 거리를 두는 것을 목표로 한다. 그런 다음 건물이 지어지지 않은 동과 동 사이에는 정원을 배치한다. 이렇게 고층 건물과 그 사이에 정원을 배치하는 개념은 20세기 근대 건축의 거장 르 코르뷔지에가 주창한 개념이다. 하지만 그렇게 만들어진 정원을 과연 얼마나 사용하는지에 대해서는 질문해 봐야 한다. 실제로 아파트의 정원은 주변 이웃들이 다 내려다보기 때문에 편하게 사용하기 어렵다. 게다가 옷을 차려입고, 현관문을 열고, 엘리베이터를 타고 내려가야 겨우 정원에 도달한다. 그런 복잡한 허들이 있는 것보다는 작더라도 그냥 간단한 옷차림으로 세수도 안 하고 나갈 수 있는 내 집 발코니가 훨씬 더 쓸모가 많다. 무엇보다 포스트 코로나 시대에는 사회적 거리두기를 하면서 자연을 즐길 수 있는 사적인 외부 공간이 필요하다. 지금 우리에게 필요한 것은 아파트 정원보다는 나의 발코니다. 필요하다면 건축 법규를 바꿔야 한다.

모든 세대가 테라스를 가지고 있는 '마운틴 드웰링'

벽식 구조에서 기둥식 구조로

모든 주거는 시대에 따라 평면의 요구가 달라진다. 인류 역사를 보면 일인당 점유하는 주거 면적은 점점 늘어왔다. 선사 시대 때 움집과 현대식 주거를 비교해 보면 엄청나게 넓어진 것을 알 수 있다. 이유는 소유한 물건이 많아졌기 때문이다. 우리 몸의 크기는 그대로지만 우리 소유의 물건은 점점 커지고 종류 수도 늘어났다. 1970년대 나보다 2020년의 나는 신발과 옷을 10배쯤 가지고 있다. 1970년대에 부엌에서는 아궁이에서 밥을 짓고 석유곤로로 찌개를 끓여 먹었다. 1980년대 아파트에 이사 오면서 불이 나오는 구멍이 두 개인 가스레인지로 바뀌었다. 지금은 불 나오는 구멍이 네 개짜리 가스레인지도 있고, 냉장고도 양문형이 있다. 이전에는 없던 김치냉장고와 공기청정기도 생겼다. 요즘 여유 있는 집에는 세탁건조기, 식기세척기, 스타일러도 있다. 시간이 지날수록 집안 살림의 종류도 늘어나고 크기도 커졌다. 문제는 수십 년 전에 만들어진 아파트, 특히 좁은 부엌이 이런 변화를 수용하지 못한다는 점이다. 세월이 흐르면서 가족 구성원과 라이프 스타일은 바뀌었는데 평면도는 그에 맞게 바꿀 수가 없다. 이유는 아파트가 벽식 구조로 만들어졌기 때문이다.

건축물의 구조는 크게 벽식 구조와 기둥식 구조로 나누어진다. 지붕을 벽으로 받치느냐 기둥으로 받치느냐의 차이에 의해서 나누어진 구분법이다. 성 베드로 대성당은 벽으로 지붕을 받치고, 경회루는 기둥으로 지붕을 받치고 있다. 일반적으로 서양 건축은 벽, 동아시아 건축은 기둥으로 받치고 있는데, 아파트는 우리나라에 지어졌음에도

1장. 마당 같은 발코니가 있는 아파트

불구하고 벽으로 받치고 있다. 이유는 기둥식 구조의 아파트를 만들 경우 집 여기저기에 기둥이 있어서 평면을 효율적으로 사용하지 못하기 때문이다. 기둥을 벽에 숨겨도 어딘가에는 기둥이 절반 정도 튀어나오게 된다. 벽보다 기둥의 폭이 넓기 때문이다. 좁은 아파트에 여러 명의 가족이 살게 하려면 방을 나누는 벽이 필요한데, 그 벽을 구조체로 사용하면 실내 면적을 최대한 사용할 수 있게 된다. 그래서 집합 주거는 대부분 벽식 구조로 되어 있다. 그렇게 만들어진 벽식 구조의 문제점은 크게 두 가지다. 첫 번째는 층간 소음이다. 해외의 경우 층간 소음이 크게 문제가 되지 않는데, 그 이유는 아파트에 카펫을 깔거나 신발을 신고 다녀서다. 우리나라는 신을 벗고 생활을 하는데다가 바닥이 딱딱한 온돌로 되어 있어서 충격으로 인한 진동에너지의 전달이 쉽다. 초등학교 자연 시간에 배운 이야기를 해 보자. 소리를 만드는 진동은 기체보다는 액체, 액체보다는 고체에서 더 빠르고 강하게 전달된다. 걸을 때의 충격은 온돌 바닥에 전달되고 그 진동은 고스란히 벽으로 전달된다. 층간 소음의 문제를 줄이려면 벽식 구조보다 기둥식 구조가 적합하다.

벽식 구조의 더 큰 문제점은 변화하는 공간의 수요에 맞춰 적절하게 변형하기 어렵다는 점이다. 벽을 부수는 순간 집이 무너지기 때문이다. 거실과 방 사이에 창문을 뚫는 리모델링을 할 수도 없다. 현재 우리나라 전체 가구의 60퍼센트는 일인 가구와 이인 가구다. 이들은 사실 방이 세 개로 나누어질 필요가 없다. 어쩌면 커다란 방 한 개와 넓은 부엌과 거실이 더 필요하다. 그런데 현재의 벽식 구조 아파트는 수요에 맞게 변형이 어렵다. 그러다 보니 정작 국민이 필요로 하는 디자인의 아파트는 찾기 어려운 실정이다. 만약에 우리나라 아파트가 기둥식 구조로 지어졌다면 변화된 주거 수요에 맞춰 적절하게 변형시켜 대응할 수 있었을 것이다. 이렇게 변형시킨 대표적인 사례가 맨해튼 소호 지역에 지어진 공장 건물들이다. 공장이 망해서 나가도 기둥식 구조로 지어진 공장은 변화된 시대에 맞추어 로프트식 주거나 갤러리 등 다용도로 변형되어 사용된다. 서울의 경우 성수동이 대표적인 사례다. 공장 지대였던 성수동의 건물들은 식당, 전시장, 카페 등으로 사용된다. 변형해서 사용될 수 있었기에 부서지지 않고 존속되었다. 사실 가장 친환경적인 건축물은 태양광 발전 장치가 많거나 친환경 건축 자재로 지어진 건축물이 아닌, 기둥식 구조로 만들어진 건축물이다. 이 건물들은 시대가 바뀌어도 살아남을 수 있고, 신축을 안 해도 된다. 신축을 안 해도 되면 콘크리트나 철의 소비를 줄일 수 있다. 이는 곧 콘크리트나 철을 생산하는 과정 중에 엄청나게 많이 배출되는 이산화탄소의 양을 줄인다는 것을 의미한다. 가장 친환경적인 건축은 세월의 변화에 살아남을 수 있는 기둥식 구조 건축이다. 이러한 기둥식 구조를 주거에서 활성화시킬 법적 제도가 필요하다. 예를 들어서 기둥식 구조를 70퍼센트 이상 적용한 경우에는 높이 제한, 층수 제한을 풀어 주고 용적률의 인센티브를 주는 식의 당근 정책이 있다면 좋겠다.

공장을 변형시킨 로프트식 주거

목구조 고층 건물의 시대

건축에서 가장 큰 변화는 건축 재료의 변화에서 시작한다. 과거 동양 건축과 서양 건축의 가장 큰 차이점도 재료에서 왔다. 유라시아 대륙의 서쪽에 위치한 유럽은 일 년 중 비가 시기적으로 분산되어 적당하게 내리는 기후다. 그래서 땅이 단단한 편이다. 구할 수 있는 재료도 우리나라의 단단한 화강석과는 달리 가공이 수월한 대리석이 많다. 그러다 보니 서양 건축은 돌이나 벽돌 같은 무거운 재료를 사용했고 그런 재료로 만들어진 벽이 지붕을 받치는 구조의 건물이 만들어졌다. 벽이 구조체다 보니 창문을 크게 뚫을 수 없었고 그러다 보니 내부와 외부가 명확하게 구분된 건축이 만들어졌다. 동양에서는 비가 많이 오는 기후여서 돌 같은 무거운 건축 재료를 사용하면 장마철에 지반이 약해졌을 때 벽이 넘어져서 집이 무너진다. 따라서 동양에서는 가벼운 재료인 나무를 사용했다. 그러다 보니 자연스레 나무 기둥이 지붕을 받치는 건축물이 만들어졌고, 기둥과 기둥 사이에는 커다란 창문을 만들 수 있었다. 내부에서 외부를 바라보는 큰 창문이 있다 보니 주변 환경과의 관계를 생각하는 건축이 발달했고 이는 풍수지리라는 이론까지 나오게 했다.

20세기에 들어 건축은 철근 콘크리트와 강철이라는 새로운 재료를 맞이하게 된다. 기존의 벽돌로 만든 벽이나 나무 기둥 대신에 콘크리트 기둥과 철골 기둥으로 건물을 짓게 되었다. 엘리베이터가 발명되면서 높은 건물을 만들 수 있었고, 이는 뉴욕 맨해튼 같은 마천루의 현대 도시를 탄생시켰다. 그런데 지난 150년간 건축 재료에는 별다른 변화가 없었다. 한마디로 건축에서는 지난 150년간 기술적 혁신이 없었다. 그러한 건축에 최근 들어서 두 가지 큰 변화가 생겼다. 하나는 3D프린트라는 재료와 구축 방식의 변화고, 다른 하나는 고층 목구조의 등장이다. 3D프린트는 말 그대로 프린트를 하듯 특정 재료를 층층이 쌓아서 건축하는 방식이다. 이 기술을 이용하면 건축 속도를 엄청나게 빠르게 할 수 있다. 저소득층을 위한 단층짜리 주택을 4천 달러(약 450만 원)의 가격에 하루 만에 지을 수 있는 수준이다. 콘크리트 거푸집을 만들 필요도 없고, 기존의 건축 공사처럼 재료를 잘라서 버리는 일도 없기 때문에 최소한의 재료로 건축을 할 수 있다. 그런 면에서 친환경적이라고 할 수 있다. 하지만 이 방식이 상용화되려면 현재의 건설 기기들을 대규모로 교체해야 하는 산업 생태계의 변화가 필요하고 기술적으로도 해결해야 할 부분이 많기 때문에 앞으로도 상당한 시간이 걸릴 것으로 보인다.

21세기 건축 재료에서 두 번째 혁신은 새로운 형태의 목구조다. 목구조는 크게 두 가지로 나누어진다. 경량 목구조와 중 목구조다. 경량 목구조는 각목으로 지은 집으로, 미국 교외 지역에서 흔히 볼 수 있는 2층 주택들이다. 중 목구조는 한옥 같은 구조다. 굵은 나무 기둥과 보를 이용해서 지은 목구조 건축이다. 현대 건축 재료 기술은 본드로 나무를 겹겹이 붙여서 기존 목재보다 더 강한 목재를 만들고 있다. 1998년 오스트리아에서 구조용 집성판 목재가 개발되면서부터 목조 고층 건물 경쟁이 시작됐다. 2009년 영국 런던에서 최초의 목조 고층 건물인 29미터 높이의 9층짜리 '스타드하우스Stadhaus'가 지어졌고, 2019년 노르웨이에서 세계에서 가장 높은 85미터 높이의 19층짜리 목조 건축물 '미에스토르네'가 완성됐다. 이미 캐나다를 비롯한 여러 곳에서 고층 오피스를 목재로 지은 사례가 있고 일본의 경우 도쿄에 350미터 높이의 목조 고층 빌딩을 2041년에 완공하겠다는 계획을 발표했다.

캐나다 벤쿠버의 UBC대학교 기숙사. 18층짜리 목구조 고층 건물이다.

1장. 마당 같은 발코니가 있는 아파트

목구조 고층 건물인 UBC 기숙사를 짓고 있는 모습

최고의 친환경 건축

목구조는 네 가지 측면에서 친환경적이다. 첫째, 목구조는 기둥식 구조이기 때문에 시간이 흘러도 다른 용도로 변형하면서 오랫동안 사용 가능해 친환경적이다. 둘째, 나무로 만든 건축물은 부분적인 보수를 통해서 오랫동안 사용 가능하다. 부석사 '무량수전' 같은 목조 건축물이 7백 년 가까이 오랫동안 유지되는 이유는 나무는 썩거나 부서지면 부분적으로만 보수 교체해서 사용할 수 있기 때문이다. 부분적으로 보수가 쉬운 목조 건축은 오랫동안 사용할 수 있는 친환경 건축이다. 셋째, 목재로 건축하면 시멘트나 강철을 생산할 때 만들어지는 엄청난 양의 탄소 배출을 하지 않기에 친환경적이다. 넷째, 나무가 자라면서 공기 중의 탄소를 흡수하고 이후 건축 재료로 쓰이면서 탄소를 보관하기 때문에 친환경적이다. 나무는 기본적으로 이산화탄소를 흡수하고 산소를 배출하는 광합성을 하면서 자란다. 이 과정에서 나무는 탄소를 자신의 몸 안에 흡수해서 저장한다. 나무는 몸 안에 탄소를 가지고 있기 때문에 태워서 불을 낼 수 있는 것이다. 그런데 문제는 나무가 불에 타거나 썩으면 다시 공기 중으로 탄소를 배출한다. 이를 방지하는 가장 좋은 방법은 나무를 건축 재료로 사용해서 썩지 않게 만드는 것이다. 나무를 키워서 건축 재료로 사용하는 것은 탄소 배출을 줄이는 소극적 자세가 아닌, 문제의 원인이 되는 대기 중의 탄소를 없애는 일이다. 이만큼 적극적인 친환경 건축은 없다. 따라서 우리 도시의 고층 건물을 목구조로 만들 수 있다면 지구 온난화를 막을 수 있는 혁명이 될 것이다.

1장. 마당 같은 발코니가 있는 아파트

포스트 코로나 아파트의 5원칙

여러 가지 상황들을 종합해서 포스트 코로나 시대에 지어질 아파트의 디자인 원칙을 다섯 가지로 정리할 수 있다. 첫째, '1가구 1발코니'다. 폭이 2.5미터가 넘는 발코니를 만들어서 누구나 집에서 사적인 외부공간을 가질 수 있게 한다. 둘째, '소셜 믹스 공원'이다. 아파트 단지의 1층 지면을 적극 개방하여 아파트 주민뿐 아니라 누구나 공원, 상업 시설, 문화 시설을 사용할 수 있게 한다. 셋째, '기둥식 구조'다. 기존의 벽식 구조가 아닌, 기둥 구조로 만들어서 바뀌는 시대적 상황에도 재건축 없이 변형해 사용될 수 있게 한다. 넷째, '복합 구성'이다. 도시 속에 주거, 업무, 학교 등을 나누어서 배치하는 것이 아니라, 건물 내에 입체적으로 구성하는 것이다. 작은 위성 학교, 공유 오피스 등을 작게 나누어서 주거와 섞어서 배치한다면 교통량도 줄이고 전염병 전파도 줄일 수 있는 공간 구조가 될 것이다. 다섯째, 친환경적인 목구조를 사용하는 것이다. 환경 문제와 지구 온난화를 막는 데 큰 도움이 될 것이다. 이상 다섯 가지의 원칙으로 도시와 건축이 업그레이드된다면 우리는 새로운 공간이 만드는 새로운 사회에 살 수 있을 것이다.

2장.

종교의
위기와
기회

종교와 공간

두 번째 주제로 종교를 택한 이유는 종교만큼 공간과 권력의 메커니즘을 잘 보여 주는 분야는 없기 때문이다. 이 메커니즘은 이후 학교와 회사를 이해하는 데 필요하기 때문에 두 주제에 앞서서 종교를 이야기해야 할 필요가 있다. 코로나로 가장 영향을 받는 분야 중 하나는 종교다. 그중에서도 기독교같이 일주일에 한 번 이상 모이는 종교 단체가 많은 영향을 받을 것이다. 종교는 눈에 보이지 않는 것을 믿는다. 그래서 예로부터 눈에 보이지 않는 것을 믿게 하기 위해 눈에 보이는 공간을 많이 이용했다. 최초의 종교적 공간이라고 할 수 있는 것은 벽화가 그려진 동굴이다. 알타미라 동굴 같은 곳에 가면 천장에 각종 동물들이 그려져 있다. 자연이 만든 실내 공간에 인간이 숭배하던 소 같은 토템 동물을 그려 넣음으로써 공간을 성스럽게 만들었다. 언어가 발달하기 이전에 사람들 간의 의사소통은 그림을 통해서 더 구체적으로 할 수 있었을 것이다. 선사 시대 인간은 그림으로 꾸며진 공간에 들어가게 함으로써 종교적으로도 특별한 경험을 하게 만들었다. 당시 숭배하던 토템 동물을 그려 놓은 알타미라 동굴은 누군가의 머릿속에 있는 상상을 공간적으로 구현해 놓은 것이다.

벽과 천장에 그려진 그림으로 둘러싸인 알타미라 동굴 같은 공간은 건축 기술이 발달하자 스테인드글라스가 있는 고딕 성당으로 바뀌었고, 현대에 이르러서는 테마파크가 되었다. 유니버설 스튜디오의 해리 포터 테마파크에 들어가면 우리는 <해리 포터>라는 가상의 이야기 속 공간으로 빠져들고 현실과 이야기 속 세상이 구분이 가지 않는 경험을 하게 된다. 해리 포터 테마파크 안에서 <해리 포터>는 실재한다.

5천 년 전의 인류가 횃불을 들고 알타미라 동굴에 들어갔을 때에는 지금 우리가 해리 포터 테마파크에 들어갈 때 느끼는 체험 이상의 몰입감을 느꼈을 것이다. 눈에 보이지 않는 것을 믿게 만드는 가장 좋은 방법은 공간으로 체험하게 하는 것이다. 알타미라 동굴에서 횃불을 들어 그림을 쳐다보던 인간은, 고딕 성당에서 유리를 이용한 스테인드글라스를 발명한 덕분에 햇빛을 이용해서 컬러풀한 그림들을 감상했고, 현대에 와서는 AR(증강 현실, Augmented Reality)과 VR(가상 현실, Virtual Reality)을 이용한 테마파크에 이르렀다. 횃불, 스테인드글라스, VR같이 어느 시대나 당대 최첨단 기술은 상상을 공간화시키는 데 사용되었다. 이 모두가 눈에 보이지 않는 것을 믿게 하기 위한 노력의 산물이다.

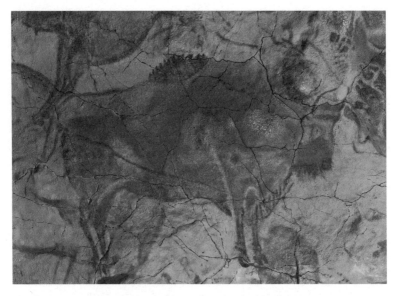

구석기 시대 동굴 유적인 알타미라 동굴의 벽화. 소 같은 토템 동물이 그려져 있다.

성당의 스테인드글라스. 성경 속 일화가 그려져 있다. 창을 통해 들어오는 빛이 신비감을 더한다.

유니버설 스튜디오에 있는 해리포터 테마파크. <해리 포터> 이야기 속에 들어와 있는 느낌을 준다.

　　　　　　　　　　　　　　　　　　　　　　　2장. 종교의 위기와 기회

벽과 계단의 발명

알타미라 동굴에 그림을 그리던 인류는 시간이 흘러 지금으로부터 만 년 전 쯤에는 집단의 규모가 커졌고 힘을 모아서 대형 건축물을 지을 수 있게 되었다. 비로소 인류는 동굴에서 나와 '괴베클리 테페' 같은 건축물을 남겼다. 이 종교 건축물은 동그란 벽으로 둘러싸인 공간으로, 벽으로 둘러싸인 공간인 동굴과 비슷한 체험을 할 수 있는 공간이다. 인간은 인공적인 건축물로 동굴의 공간을 재현한 것이다. 그런데 힘들게 이런 건축물을 지은 이유는 무엇일까? 동굴은 멀리 있어서 자주 갈 수 없었고 천연의 동굴은 찾기도 힘들었을 것이다. 사냥과 농업을 하려면 평지가 필요한데, 주로 산에 있던 동굴은 일상의 생활을 하는 공간과 너무 멀리 떨어져 있다. 집단이 커져서 거대한 돌을 움직일 정도의 능력을 갖게 된 인간은 멀리 있는 동굴을 찾아가는 대신, 먼 곳의 돌을 가지고 와서 동굴과 같은 공간을 만들었고 그곳이 괴베클리 테페다. 이제 인류는 주거지와 가까운 곳에 돌로 만든 벽으로 둘러싸인 동굴 비슷한 성스러운 공간을 만들 수 있게 됐다. 하지만 문명 초기에 이 공간을 만들 때 인류는 아직 지붕을 만들 기술은 가지고 있지 못했다. 괴베클리 테페는 동굴의 벽까지는 재현할 수 있었지만 동굴처럼 돌로 감싸는 천장을 만들 능력은 없을 때 만들어진 건축물이다. 동굴처럼 제대로 된 둥그런 천장을 만드는 기술은 8천 년 넘게 지난 로마의 판테온 신전을 지을 때에야 완성되었다.

프랑스의 라스코 동굴. 외부와 단절된 공간감을 느낄 수 있다.

2장. 종교의 위기와 기회

터키 남동부에 있는 신석기 시대 유적 '괴베클리 테페'

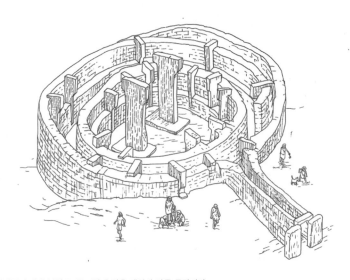

괴베클리 테페 복원도. 둥그렇게 벽을 세워서 만든 공간이다.

기원전 8500년경에 만들어진 종교 건축물인 괴베클리 테페는 둥그런 벽만 세워서 세상의 공간과 성스러운 공간을 나누었다. 그리고 그 안에는 거대한 돌을 세워 놓고 그 돌 표면에 인간과 동물을 조각해 놓았다. 인류 최초의 건축물인 이 종교 건축물은 공간 구성적으로 구분된 공간을 만드는 데 목적이 있었다. 빙하기 이후에 지구의 온도가 올라가자 건조해졌고, 일부 지역에서는 숲이 사라지고 사막화가 진행되었다. 사람들은 물을 구하기 위해서 강가로 모여들었고, 인간은 그곳에서 농사지으면서 도시를 만들게 되었다. 그리고 더 많은 사람이 모이자 주변 부족으로부터 자신을 안전하게 지켜 줄, 성벽으로 둘러싸인 구분된 내부 공간을 만들었다. 건축적으로 둥그렇게 쌓인 성벽은 둥그런 괴베클리 테페의 벽이 평면적으로 수백 배 확장된 모습이다.

더 많은 사람이 모이자 더 많은 사람을 묶어 줄 새로운 종교적 공간 체계가 필요했다. 괴베클리 테페 내부에는 동시에 백 명 정도만 들어갈 수 있다. 수천 명이 사는 성곽 도시에는 수천 명이 함께할 종교 공간이 필요했다. 이렇듯 도시가 만들어지자 종교 건축은 새로운 단계로의 진화가 필요했다. 인구 5천 명의 도시를 만든 인류는 커진 집단의 규모 덕분에 더 많은 돌과 벽돌을 옮겨서 더 높게 쌓은 거대한 돌무더기의 건축물을 만들 수 있게 되었다. 건축을 통해서 새롭게 종교 권력을 만드는 방식은 '높이'였다.

2장. 종교의 위기와 기회

제사장과 아이돌

최초의 도시가 만들어진 메소포타미아의 '우루크'가 있는 지역은 돌을 구할 수 있는 지역이 아니었다. 이들은 가장 손쉽게 구할 수 있는 재료인 강가의 진흙으로 벽돌을 구워서 쌓아 '지구라트'라는 신전을 만들었다. 지구라트 신전은 건축 공간을 이용해서 권력을 만드는 새로운 방식을 선보였다. 바로 계단을 이용해서 '높이 차이'를 만드는 방식이다. 당시 신전 건축은 지금처럼 실내 공간을 만들고 그 안에서 예배를 드리는 건축물이 아니었다. 그냥 벽돌을 높게 쌓아서 계단을 만들고 그 꼭대기에 올라가서 제사를 드리는 건축물이었다. 최초의 신전 건축은 실내 공간을 만들기 위한 목적이 아니라 높은 제단을 만들려는 목적이었다. 높은 제단을 만들고 제사장은 일 년에 몇 번 때를 정해 놓고 그 위에 올라서서 제사를 드린다. 제사장은 호화로운 옷을 차려입고, 복잡한 제사 의식에 따라서 퍼포먼스를 펼친다. 평지에 있는 사람은 제사장을 올려다본다. 반대로 제사장은 수천 명의 사람을 내려다본다. 이때 내려다보는 동시에 시선의 집중을 받는 제사장에게 권력이 집중된다. 21세기에도 우리는 일상에서 이와 비슷한 경험을 한다. 공연장에 가면 무대 위의 아이돌들은 화려한 조명과 절도 있고 복잡한 군무의 퍼포먼스로 관객들의 혼을 쏙 빼놓는다. 관람객은 수천 명의 사람들과 함께 아이돌을 올려다본다. 무대에서 춤을 추는 아이돌은 고대의 제사장과 별반 다를 게 없다. '우상'을 뜻하는 '아이돌'이라는 단어가 무대 위에서 춤추고 노래 부르는 가수를 지칭하는 단어가 된 것은 그런 이유 때문이다.

지구라트. 높은 곳으로 올라가는 계단이 눈에 띈다.

2장. 종교의 위기와 기회

내가 만든 '공간과 권력의 제1 원칙'은 "같은 시간에, 같은 장소에, 사람을 모아서, 한 방향을 바라보게 하면 그 시선이 모이는 곳에 권력이 창출된다"는 것이다. 고대 메소포타미아의 사람들은 이런 공간적인 환경을 만들기 위해서 높은 신전 건축물을 만들었다. 티그리스 유프라테스 강가의 평지 위에서 모든 사람은 같은 눈높이를 가지게 되어 권력적으로 평등한 위계를 갖는다. 그런데 그곳에 지구라트 신전이 생겨나면서 높이 차이가 생겨나고, 균질했던 권력의 장場이 깨지고 가장 높은 포인트 한쪽으로 힘이 쏠린다. 누군가는 높은 위치에서 내려다보게 되고, 누군가는 우러러 올려다보아야 한다. 이러한 눈높이의 차이가 시선을 한쪽으로 쏠리게 하고, 이는 권력의 위계를 만들어 낸다. 일반적으로 높은 곳은 좁고, 낮은 곳은 넓다. 중력에 대항해서 안정성을 갖기 위해서다. 그래서 산의 아래는 면적이 넓고 정상은 좁은 것이다. 당연히 높은 곳에 올라가서 차지하는 사람은 소수고 이들은 수많은 사람의 우러러 보는 시선을 받게 되며 소수의 권력자가 된다. 마치 아무것도 없던 우주 공간에 태양이 생겨나면서 중력장이 생기고 주변으로 행성이 회전하듯, 높이 만들어진 지구라트 건축물은 주변에 권력의 중력장을 만든다.

과거 동굴에는 동시에 수십 명이 들어갈 수 있었을 것이다. 괴베클리 테페 신전에는 많아야 수백 명 정도 들어갔을 것이다. 메소포타미아 문명은 50미터의 높이 차이를 갖는 지구라트 건축물을 만듦으로써 수천 명의 사람을 일시에 조종할 수 있는 종교를 갖게 되었다. 그런 종교 건축을 가진 조직은 더 커지면서 더 큰 힘을 발휘할 수 있게 되었고, 주변 마을을 압도하고 정복할 수 있게 되었다.

신전과 고깃집

종교는 건축 공간을 만들고, 그 공간으로 사람의 마음을 하나로 모으고, 그 공간에서 시선이 집중된 곳에 선 사람은 권력을 가진 종교 지도자가 된다. 그 공간에서의 모임이 잦을수록, 그 모임의 규모가 커질수록 권력은 커진다. 지구라트 신전이 만들어지고 나서 수천 년이 흐른 후 기독교는 예배당이라는 공간을 발명한다. 기존의 종교 형태는 제사의 형식이었다. 동물을 죽여서 그 피를 흘리고 고기를 태워서 연기가 위로 올라가게 하는 예식을 치르는 것이 종교의 주 행사였다. 당시 신이 존재한다고 믿었던 하늘에 인간이 만든 것 중에서 중력을 거슬러서 올라갈 수 있는 것은 연기밖에 없었다. 그래서 고기 기름을 태우면서 만들어지는 연기를 하늘로 올려 보내는 것이 제사가 되었을 것이다. 우리는 지금 이런 예식을 고깃집에서 한다. 다른 점은 연기를 환풍기를 통해서 빼내려고 노력한다는 점이다. 현대 도시의 고깃집들은 동물을 태워 연기를 낸다는 것만 놓고 보면 과거 제사를 지내던 신전의 후손으로 볼 수도 있겠다.

　과거의 제사 중심의 종교를 제사가 없는 종교로 바꾼 혁명적인 종교가 기독교다. 기독교는 예수가 자신의 몸을 십자가에 못 박혀서 피 흘려 죽음으로써 스스로가 제물이 되었고 우리는 덕분에 더 이상 제사를 드릴 필요가 없다고 가르친다. 예수 자체가 죄 값을 대신한 희생양이 된 것이다. 그래서 이후의 예배는 설교 말씀을 듣는 행위로 바뀐다. 이는 종교 건축의 큰 변화를 가져왔다. 과거의 솔로몬의 성전, 파르테논 신전, 판테온의 공통점은 동물의 사체를 태우는 제사가 이루어지는 건축물이라는 거였다. 그곳에서는 엄청난 연기가 났을 것

　　　　　　　　　　　　　　2장. 종교의 위기와 기회

이다. 인구 백만 명이 살던 고대 도시 로마를 상상해 보면 곳곳에 있는 신전에서 고기를 태우고 있었을 것이다. 그런데 기독교는 그런 제사가 없다. 대신에 사람들이 모여서 종교 지도자의 설교를 듣는 형태로 바뀌었다.

과거 제사가 몇몇 제사장들의 행사였다면, 새로 등장한 종교인 기독교의 예배는 많은 사람이 모이는 일이 잦게 바뀌었다. 때문에 커다란 공간이 필요했고 최초의 모임은 야외에서 모였다. 핍박받던 초기 로마 기독교 시대에는 지하 무덤 카타콤에 숨어서 예배를 드리기도 했다. 하지만 기독교가 로마 제국의 공식 종교가 된 후에는 이야기가 달라졌다. 기독교인들에게 이제 돈과 기술이 생겼다. 편리하게 실내 공간에서 많은 사람이 모여서 말씀을 들을 수 있는 건축물을 지을 수 있게 되었다. 당시에 가장 많은 사람이 모이던 재판장이나 시장 같은 기능을 하던 바실리카라는 건축 양식이 교회 건축의 표준이 되었다. 그리고 이곳을 더욱 종교적으로 보이게 하려고 당대 최고의 신전인 판테온 신전의 돔을 가지고 와서 바실리카의 지붕 위에 얹었다. 평면은 기독교의 상징인 십자가 모양으로 변형시켰다. 그렇게 해서 우리가 아는 교회의 표준 모델이 만들어졌다. 로마의 성 베드로 대성당을 비롯한 많은 교회가 이러한 모습을 하고 있다.

거대한 건물이 지어지려면 정방형으로 만들기 어렵다. 이유는 벽과 벽 사이가 너무 넓어지면 지붕을 만들기 어렵기 때문이다. 따라서 대부분의 대형 건물은 직사각형이다. 당시 만들 수 있는 최대 넓이의 지붕 폭을 만들고 그 폭을 유지한 상태에서 한 쪽 방향으로 반복해서 길게 늘여서 지으면 직사각형의 평면이 된다. 바실리카 건물이 그렇게 만들어졌고 바실리카를 따라한 교회 건축 역시 그렇게 한 방향으로 길게 만들어졌다. 직사각형이 되면 권력의 공간은 좁은 변에 위치한다. 이유는 좁은 변이 긴 변에 비해서 희소성이 더 높기 때문이다. 직사각형의 좁은 변에 제단을 위치시키고 반대쪽에는 입구를 위치시킨다. 입구에서 멀수록 더 존귀한 자리가 된다. 우리나라 식당 자리 배치의 원칙상으로도 상석은 입구에서 가장 먼 자리다. 회사에서도 부장의 자리는 입구에서 가장 먼 창가에 위치한다. 원래 권력자의 자리는 동선의 끝에 위치한다. 그렇게 동선의 끝에 제단을 놓고 그곳을 향해서 바라보도록 의자를 배치한다. 이로써 예배당에 들어와서 의자에 앉은 사람은 좋으나 싫으나 앞에 있는 제단을 바라보게 된다.

2장. 종교의 위기와 기회

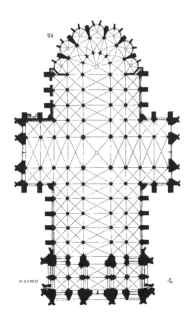

독일 쾰른 대성당 평면도.
십자가 모양으로 되어 있다.

판테온의 '돔'　　　바실리카의 '구조'　　　십자가 모양의 '평면'　　　성 베드로 대성당

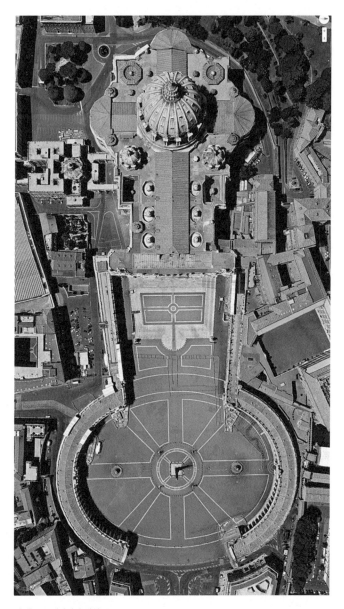

성 베드로 대성당과 광장

2장. 종교의 위기와 기회

예배당의 의자가 가로로 긴 이유

이때 의자는 가로로 긴 장의자로 되어 있다. 장의자에 앉을 경우 좌우 양 끝단에 앉은 사람은 복도를 통해서 나갈 수 있지만, 가운데 앉아 있는 열 명의 사람들은 예배가 끝날 때까지 꼼짝 못한다. 좋으나 싫으나 설교자의 말씀을 들어야 한다. 설교자에게 권력이 만들어지는 것이다. 신천지 예배당의 모습을 보면 아예 복도가 없다. 게다가 복장도 통일해서 상의는 흰색, 하의는 검정색을 입고 있다. 이러한 예배당 안에 앉아 주변을 둘러보면 수백 명의 사람들이 경건하게 말씀을 듣고 설교자를 존경하고 있다. 옷을 똑같이 입고 있으면 나의 존재감은 낮아진다. 교복을 입고 있을 때나 군대 훈련소에서 훈련복을 입고 번호로 불리던 경험을 한 사람은 그 기분을 알 것이다. 나도 그들 중 일부가 되든지 아니면 반항해서 단체에서 배척을 당하든지 선택해야 한다. 집단의 일부가 되어야만 생존 확률을 높일 수 있었던 호모 사피엔스는 유전적 본능상 그런 자리를 박차고 나오기 힘들다. 그들은 조직에 순응한다. 그럴수록 앞에 서 있는 종교 지도자의 권력은 커진다. 이러한 모임이 잦아질수록 공간을 통해서 만들어지는 권력은 더욱 강해진다. 그래서 성경 말씀에도 히브리서 10장에 "모이기를 폐하는 어떤 사람들의 습관과 같이 하지 말고"라는 구절이 있다. 수요 예배, 금요 철야, 새벽 기도를 하게 되면서 더 자주 시간을 맞춰서 한 장소에 모일수록 권력의 규모와 집중은 커진다. 성경에는 "두 세 사람이 하나님 일로 모이면 거기가 바로 교회"라는 말씀도 있다. 교회를 건축물로 규정하지 말라는 의미다. 그럼에도 교회를 교회 건물이라는 좁은 의미로 해석한다면, 기독교는 큰 실내 공간을 가진 건

'명동 성당' 내부. 복도를 사이에 두고 양쪽에 장의자가 있고, 정면에 제단이 있다.

물을 지어 왔고 건축물 내에서 시선이 모이는 곳에 종교 지도자가 위치해 있고 이를 통해서 권력 구조를 만들어 왔다. 시선이 모이는 곳에 권력이 생겨난다는 것은 현대 사회에서도 그대로 적용된다. 현대 사회에서 가장 시선을 많이 받는 사람은 미디어에 노출되는 사람들이다. 정해진 시간에 하루에 한 시간씩 시선의 집중을 받는 뉴스 앵커맨이 대표적인 사례다. 인스타그램 팔로워 숫자가 높을수록 권력이 높은 사람이고, 유튜브 동영상 조회 수가 높을수록 권력자가 된다. 시대가 바뀌고 기술이 바뀌면 플랫폼은 바뀌지만 시선이 모이는 곳에 권력이 만들어진다는 법칙은 그대로 유지된다.

2장. 종교의 위기와 기회

스님 vs 목사님

불교와 기독교는 공간적 측면에서 많은 차이를 보인다. 불교 사찰에서 열리는 법회 종류는 다양하다. 매달 초하루 법회를 시작으로 정기법회가 있고, 부처님 오신 날 같은 특별한 날에 특별법회가 있다. 정기법회도 각 사찰의 여건에 따라 다르지만, 일반적으로 초하루 보름 재일에 하는 기도 법회가 있고 휴가나 방학 동안 수련법회를 열기도 한다. 대부분의 사찰에서는 음력 초하루, 보름, 지장재일과 관음재일을 정기법회로 정하여 지키고 있다. 특별한 불심을 가진 신자가 아닌 일반적인 불교신자들은 보통 '설, 부처님 오신 날, 동지' 정도는 꼭 사찰을 찾는다. 일 년에 세 번 정도는 가는 셈이다. 반면 기독교는 일주일에 한 번 의무적으로 모인다.

모이는 횟수로 보면 3 대 52의 차이다. 공간으로 만들어지는 권력은 목사님이 스님보다 17배가량 센 거다. 게다가 불교는 참석하는 날에도 특별한 일이 아니면 하루 중 아무 때나 가면 된다. 반면 기독교는 매주 정해진 시간에 가야 한다. 그 만큼 시간적으로도 자유가 적다. 농경 사회 때 우리의 시간관념은 시간 단위가 아니라 하루 단위였다. 절기에 따라서 농사를 지었기 때문이다. 굳이 시간을 본다 해도 두 시간 단위로 나누어지는 부정확한 시간관념이었다. 시간관념 측면에서 봤을 때 하루 중 아무 때나 가서 불공을 드리면 되는 불교의 종교 예식은 농경 사회적 시간관념이다. 반면에 산업 사회에서는 5분만 늦게 기차역에 도착해도 기차는 떠난다. 모든 행동을 정확한 시간에 맞추어서 살아야 한다. 5분만 늦어도 예배당 문이 닫혀 있고 한 시간 늦으

면 예배가 끝나는 기독교의 예배는 산업 사회의 시간관념과 더 유사
하다. 불교와 기독교는 시간의 정확도 측면에서 1 대 24의 차이를 가
진다. 시간과 공간적인 자유가 적을수록 그 시간과 공간을 통제하고
조정하는 주체가 권력을 갖는다. 종교 행위의 시공간적 측면에서 기
독교는 집단적인 종교, 불교는 개인적인 종교로 볼 수 있다. 위치적인
측면에서도 두 종교는 차이가 크다. 불교의 절은 대부분 산속에 있고
기독교의 교회는 상가에 있다. 가까운 도심 속에 공간이 있는 기독교
는 접근성 면에서 커다란 우위를 가졌다. 특히나 1970년대 산업화를
통해 도시로 인구가 집중하는 상황에서 아파트 단지 앞 상가에 위치
한 교회는 접근성 면에서 강한 경쟁력을 가졌다.

2장. 종교의 위기와 기회

시공간 공유가 만드는 공동체 의식

같은 시간에 같은 장소에 모여서 같은 곳을 바라보게 되면 권력만 생기는 것이 아니다. 공동체 의식도 강해진다. 가족의 결속력이 커지는 것은 같은 집에서 하루에 열두 시간씩 시간을 보내기 때문이다. 그중 여덟 시간은 눈 감고 잠만 자더라도 말이다. 사람은 시공간을 함께 보내면 공동체 의식이 자라난다.

일반적으로 권력은 예식과 규율을 강조한다. 예식과 규율이라는 것은 근본적으로는 시간과 공간에 제약을 주는 것이다. 너는 몇 시까지 어디로 가야 한다는 식이다. 일요일 아침 9시에 예배당에 한 시간 참석을 해야 한다든지, 주중 아침 9시까지 학교에 등교해서 오후 3시까지는 교실에 앉아 있어야 한다든지, 회사에 9시까지 출근해서 여덟 시간을 사무실에 있어야 한다는 것들이 모두 해당된다. 그리고 그러한 시간과 공간의 제약은 다시 권력을 강화시킨다. 종교의 권력, 학교 선생님의 교권, 직장 상사의 권력은 예배 참석, 등교, 출근을 통해서 만들어진다. 세부적으로 들어가서 권력을 더 강화시키기 위해서는 예식을 복잡하게 만들면 된다. 대부분의 종교는 종교 예식이 있다. 유교식 제사를 지낼 때는 복장과 각종 몸가짐에 대한 규율, 지방을 쓰는 법, 음식을 배치하는 방식 등에서 각종 규칙들을 만들어 낸다. 그리고 그 규칙을 관리하는 자가 권력을 가진다. 그들은 주로 구전으로 그 규칙을 배운 집안 어른들이다. 교회 예배의 경우에도 성스러운 음악이 흐르고, 그 음악이 멈추면 평소에는 볼 수 없는 많은 천을 사용하여 풍성한 품을 가진 디자인의 예복을 입고 목회자가 나온다. 종교 지도자는 주로 천을 많이 사용한 패션을 선보인다. 미니스커트나 스키니 진을 입고 예식을 치르는 경우는 없다. 무엇이든 낭비를 할 때 권력자가 된다. 풍성한 옷은 옷감을 낭비한 디자인이다. 그만큼 부와 권력을 가지고 있다는 것을 보여 준다. 결혼 예식장에서는 신부가 주인공이기 때문에 신부 드레스의 치마폭은 넓고 레이스가 뒤로 길게 드리워진다. 종교 지도자는 시간을 낭비하기 위해서 천천히 걸음을 걷거나 느린 팔 동작을 하고(우리나라의 옛 양반들도 뛰는 것은 법도에 어긋난다고 할 정도로 천천히 행동했다), 옷감을 낭비하는 제례 복장을 한다. 그런 복장을 한 종교 지도자의 한마디 한마디에 따라 식순이 진행되고 일사불란하게 성가대가 노래를 부르고 일반 성도들은 의자에서 일어났다 앉았다를 반복한다. 그런 복잡한 예식을 치를수록 예식을 인도하는 사람에게 권력이 집중된다. 교회 예배의 앞부분 순서는 회개 기도다. 이 예식은 각자의 죄를 생각하는 참회의 기도를 하고 마지막에 종교 지도자가 죄 사함의 성경 말씀을 선포하는 것으로 마친다. 마치 앞의 예배를 진행하는 분에게 죄를 사해 주는 권위가 주어진 듯한 착각을 일으키는 예식이다. 이러한 각종 복잡한 예식으로 권위와 권력이 생겨나는 것이다. 물론 여기서 말하는 것은 형식과 공간을 통해서 만들어지는 권위만을 이야기하는 것이다. 여러 종교는 대가를 바라지 않는 희생과 훌륭한 가르침 같은, 다른 존경받을 만한 일을 통해서 권위가 생겨나는 점도 있음을 밝힌다. 이런 종교적 형식이 종교 지도자의 권력을 강화시킨다고 해서 종교가 모두 허구라는 의미는 아니다. 형식과 본질은 구분되어서 이해돼야 한다. 오히려 종교에서 형식이 만들어 내는 가치를 구분하여 이해함으로써 더 본질에 다가갈 수 있다고 믿는다.

2장. 종교의 위기와 기회

이슬람교가 기도를 하루에 다섯 번 드리게 하는 이유

복잡한 예식을 통해서 권위를 만드는 일은 우리의 일상에 만연하다. 뜨거운 물로 찻잔을 헹구고 차를 우려내고 몇 바퀴 돌려서 입에 가져가는 복잡한 예식을 가진 '다도'라든지, 학교에 등교해 조회와 종례를 하는 것, 회사에 출근해서 아침 체조를 하고 구호를 외치는 것 등 셀수 없이 많다. 이러한 예식들이 모두 진행자의 권위를 높이고 권력을 키우는 것이다. 일반인들이 아침에 일어나 커피를 갈아서 여과지에 넣은 뒤 물을 끓이고 서서히 내려서 마시는 아침마다 반복적으로 하는 행위도 어떤 면에서는 그 예식의 주인이 되는 일이다. 물의 온도는 몇 도여야 하는지, 물을 부을 때는 둥글게 돌리면서 해야 하고 거품이 부풀어 오르는 커피 빵을 만들어야 한다는 등 예식의 절차가 끝이 없다. 나는 그 순간 '커피 내리기 예식'의 제사장이 되는 것이다. 각종 예식, 등교, 출근, 예배 참석 같은 복잡한 행위들의 중심 원리는 '자유의 억제'다. 권력은 누군가의 행동의 자유를 억제하는 시스템이 만들어질 때 강화된다. 그리고 그러한 시스템은 권력의 구조에 새롭게 진입한 사람들을 의심의 여지없이 순응하게 만드는 힘이 있다. 수십 명, 수백 명, 심지어 수천 명의 사람들이 따라하는 노래와 예식에 반기를 드는 것은 힘들지만 순응은 쉽다. 그리고 그것은 질서와 전통이라는 이름으로 오랫동안 유지된다. 중세는 그 관성이 천 년 이상 지속됐다. 시공간을 통한 권력 형성의 시작은 '공간'과 '시간'의 제약을 만드는 것이다.

정해진 시간에 기도해야 하는 규례 때문에 공항 같은 공공장소에서도 이슬람교도들이 기도하는 모습을 볼 수 있다.

이렇듯 시간과 공간의 제약을 동시에 하게 되면 권력이 생겨나고 공동체 의식도 만들어진다. 하지만 경우에 따라서 자주 모일 수 없는 여건 때문에 둘 중 하나만 가능한 종교도 있다. 유목 민족의 종교였던 이슬람교 같은 경우다. 이들은 계속 이동하고 흩어져서 살아야 하는 삶의 형태를 가지고 있다. 그렇다 보니 같은 예배당에 모여서 예배를 드리기가 힘들다. 장소를 정해 놓고 모이게 하는 '공간' 규제가 불가능하다 보니 둘 중 하나인 '시간'만 규제했다. 대신 더 강하게 규제한다. 이슬람교는 하루에 다섯 번 시간을 정해 놓고 기도한다. 이들은 어디에 있든지 이 시간이 되면 메카를 향해서 엎드려 기도한다. 그렇게 함으로써 그들의 머릿속에는 메카를 중심으로 한 거대한 예배당 공간이 그려지게 된다. 메카에 권력이 집중되는 공간적 상황이 연출되는 것이다. 기독교의 경우에도 바티칸이 있는 천주교와 바티칸 같은

2장. 종교의 위기와 기회

구심점이 없는 개신교는 차이가 있다. 천주교의 경우에는 모든 성당의 건축을 각 교구의 건축위원회가 총괄하고 조율한다. 이렇게 통일된 건축 양식을 추구함으로써 중앙 권력이 유지되는 것이다. 마치 로마 제국 시대 때 벽돌이라는 동일한 재료와 그리스 건축 디자인을 기초로 해서 유럽 어디를 가나 동일한 로마 건축 디자인 양식을 만듦으로써 로마 제국의 권력을 강화시켰던 것과 마찬가지 원리다.

전염병이 만드는 종교 권력의 해체와 재구성

살펴본 바와 같이 각 종교들은 건축물을 만들고 그 건축물의 공간
을 통해서 권력을 창출하고 유지한다. 그런데 전염병이 돌면서 예배
당에 모일 수 없게 됐다. 이는 공간을 통해서 만들어 온 권력 시스템
에 균열을 가져온다. 역사적으로 14세기에 흑사병이 전 유럽을 강타
했을 때 이들은 신앙의 힘으로 모여서 기도하고 해결하려고 했다. 그
럴수록 전염은 심해지고 사상자가 늘어났다. 천 년 이상 유지됐던 기
독교 중심의 중세 시대는 흑사병으로 와해 됐고 이후 인간 중심의 르
네상스가 발현하는 배경이 되었다. 전염병이 사회를 바꾸는 메커니즘
은 다음과 같다. 건축물은 공간 구조를 만들고 그 공간 구조는 사람
들 간의 간격, 밀집도, 규모, 방향성 등을 규정한다. 그렇게 만들어진
간격, 밀집도, 규모, 방향성은 특정한 권력 구조를 만들어 낸다. 기존
의 공간들은 권력을 만들기 위해서 간격을 줄이고, 밀집도를 높이고,
규모를 키우고, 방향성은 한 방향을 바라보게 만들게끔 진화해 왔다.
그런데 전염병은 모이는 사람들 간의 간격은 멀리 떨어뜨려야 하고,
밀집도는 낮추어야 하고, 규모는 줄여야 하고, 방향성은 흐트러뜨리
는 식으로 기존 진화 방식과 반대로 가는 변형을 가져온다. 이는 자
연스럽게 권력 구조와 공동체 구조를 변형시킨다.

그렇다면 21세기의 코로나는 예배 중심으로 구축된 종교를 와해시
킬까? 전염병으로 사회적 거리두기를 계속한다면 종교 단체의 권력
과 공동체의 구성은 약해질 것이다. 같은 설교 말씀도 대형 교회에서
수천 명과 함께 들을 때, 작은 방에서 수십 명이 함께 들을 때, 온라

2장. 종교의 위기와 기회

인 방송으로 혼자 들을 때의 느낌은 다르다. 큰 예배당에서 나 이외에 주변 999명의 사람들이 앞에서 설교하는 사람의 말을 경청하고 있으면 그 말씀의 권위를 거역하기가 쉽지 않다. 사피엔스의 본능 때문이다. 유발 하라리는 사피엔스가 경쟁 중인 네안데르탈인을 물리치고 지구를 정복할 수 있었던 이유가 종교와 같은 공통의 이야기를 믿어서 집단의 크기를 키웠기 때문이라고 설명한다. 큰 집단에 속하게 되면 경쟁에서 이기고 생존 확률이 높아진다. 반대로 집단에서 이탈될 경우 생존 확률이 떨어진다. 생존하기 위해서 인간은 본능적으로 집단에 속하기를 원한다. 그래서 어떤 영화를 천만 명이 봤다고 하면 관객들이 더욱 쏠리게 되고, 시청률이 20퍼센트가 넘는 드라마라고 하면 사람들은 더 본다. 그래서 정치가는 자기네 정당의 지지율이 더 높다고 광고한다. 이런 현상은 약자에게 더 나타난다. 뉴욕에는 '뉴욕 메츠'와 '뉴욕 양키스' 두 개의 야구팀이 있다. 백인을 지칭하는 '양키'라는 이름을 가졌음에도 불구하고 이민자들은 뉴욕 양키스 팬이 되는 경우가 많다. 심리학자들은 그 이유가 사회적 약자인 이민자들이 더 크고 강한 조직인 양키스에 속하고 싶어 하기 때문이라고 설명한다.

사람들은 더 많은 동조자가 있음을 보여 주기 위해 같은 시간, 같은 공간에 사람을 모은다. 정치 집회나 종교 예배가 대표적 사례다. 정치가들은 휴일에 광화문 광장에 사람 모으기를 좋아하고, 기독교는 일주일에 한 번 같은 시간 같은 공간에 사람을 모은다. 이때 모임의 장소가 바깥 경치 보이는 창문 없이, 벽으로 둘러싸인 '외부와 분리된 실내 공간'이면 효과가 더 크다. 체육관에서 하는 전당대회와 예배당에서 하는 예배가 대표적이다. 건물 안에 있는 사람과 밖에 있는 사람으로 나누는 것은 같은 믿음을 가진 사람과 그렇지 않은 사람을 명확하게 구분하는 건축 장치다. 대중문화에서도 같은 원리로 콘서트장에서 공연을 함께 보는 팬들은 결속력이 강해진다. 밀폐된 시공간을 공유하면 결속력이 강해진다. 집단에 속하고픈 인간의 본능은 음식 문화에서도 나타난다. 냄새가 고약한 발효식품을 함께 먹음으로써 타인과 구분하고 '우리'라는 공동체 의식을 강화시킨다. 건축이 만들어 내는 물리적 장치인 벽 대신 음식 냄새로 내 편과 상대편을 나누는 효과다. 김치, 청국장, 홍어가 대표적 음식이다. 금발의 파란 눈을 가진 외국인이라도 김치와 청국장을 좋아하면 없던 동질감과 애정이 생겨나는 이유다. 최근 대한민국에 나타나는 여러 가지 갈등은 믿음의 공동체끼리의 충돌 모습을 잘 보여 준다. 앞서 설명한 대로 정치, 종교, 팬덤은 같은 이야기를 믿고 그 믿음을 강화시키는 공간적 방식도 비슷한 단체들이다. 그래서 이들은 종종 충돌하기도 한다. 특정 정치가를 지지하는 집단과 보수 기독교 단체가 충돌하고, BTS의 팬들과 중국 정부가 충돌하기도 한다. 이들 모두 특정 인물에 대한 믿음과 애정을 중심으로 뭉쳤고 그 감정을 강화하는 방식도 비슷하기 때문이다. 이 단체 구성원들의 바탕에 깔린 사상은 '메시아 사상'이다. 구세주라고 생각하거나 그에 준하게 느끼는 존재가 나의 문제를 해결해 주고 나를 행복하게 만들어 주고 세상을 좋게 만들 것이라고 믿는 믿음이다. 그렇기에 본질적으로 이 집단들은 서로 경쟁자들이다.

종교 권력은 공간 구조에 의해서 만들어지기도 하고 강화도 된다. 그런데 전염병으로 하나의 시공간에 모이기 힘들어지면 이러한 조직들이 약화된다. 하지만 종교는 애초에 종교 지도자의 권위를 높이기 위한 것이 아니다. 많은 부분 종교 지도자의 권위는 자기희생에 의해서 만들어진다. 일반인과 다른 삶을 살았던 여러 존경받는 지도자들이 그러했다. 기독교의 경우에도 예수 스스로 자신을 희생한 것이 기독교 교리와 권위의 핵심이자 기초다. 본질을 잃고 공간적 외향만 남은 것은 부작용이 있을 수 있다. 코로나는 우리에게 좀 더 본질적인 질문을 하라고 도전하고 있다. 종교는 무엇인가? 학교는 무엇인가? 회사는 무엇인가? 종교는 본질적으로 인간과 신의 관계에 대한 물음과 사유가 중심에 있다. 오히려 코로나는 종교가 더 본질에 접근할 수 있는 기회를 제공한다. 물론 기존의 종교 조직과 공동체를 통해서 행해지던 많은 구제 사업이나 봉사 활동들이 어떻게 대체될 것이냐는 남겨진 숙제다. 일반적으로 언론 매체에 나타나는 것은 종교의 부정적인 모습이지만 보이지 않는 곳에서 종교계가 사회 약자를 돌보며 많은 기여를 해 온 것이 사실이다. 그러한 기능이 유지되기 위해서 어떻게 재조직되어야 하는지 고민해 봐야 한다.

현재 우리의 도시 속에 많은 공간을 가지고 있는 교회는 공간을 통해서 사회적 가치를 만들 수 있다. 사회적 거리두기를 하면서 우리는 집에서 재택근무를 하거나 온라인 수업을 들어야 했다. 하지만 일하기에 집은 좁고, 밖에 나가서 카페에 앉아 있을 수도 없었다. 집에 컴퓨터와 인터넷이 없는 학생들은 수업을 들을 수도 없었다. 어느 시대든 사회적 약자들은 공간적으로 취약하다. 교회의 공간은 주로 일요일에 사용되고 주중에는 비어 있는 곳이 많다. 반면 일반 시민들은 주중에 많은 공간을 필요로 한다. 주중에 교회의 분반 공부실, 친교실, 중고등부 예배실 등이 일반 시민의 공유 오피스나 자습 공간으로 운영

될 수도 있을 것이다. 방역을 하고 낮은 밀도로 운영한다면 가능하다. 맞벌이 부부의 자녀들이 온라인 수업을 들을 수 있게 지도가 가능한 소규모 공간을 제공할 수도 있다. 교회 내 자원봉사자들이 도움을 줄 수도 있다. 물론 교회의 본당같이 거룩하게 구분되어야 할 공간은 유지되어야 한다. 하지만 그 외의 공간들은 운영의 묘를 살리면 교회의 문턱을 낮추고 1970년대의 '상가 교회'처럼 세상으로 적극 다가가는 일을 할 수 있다. 결국 교회는 신자만을 위한 공간이 아니라, '수고하고 무거운 짐 진' 모든 사람을 위한 곳이기 때문이다.

3장.

천 명의
학생
천 개의
교육 과정

교실 수업과 온라인 수업의 차이

근대적 개념의 학교는 '최소한의 교사로 최대한의 학생들을 가르친다'는 산업화의 효율성에 기초하고 있다. 그래서 한 교실에 다수의 학생을 모아 놓고 한 명의 교사가 가르치는 공간 구조로 되어 있고, 다수의 교사를 한 명의 교장이 관리할 수 있도록 전교생이 많은 학교를 만들었다. 내가 졸업한 고등학교는 전교생이 3천 명에 육박했다. 그런데 이러한 다수가 모이는 공간은 전염병의 시대에 위험한 공간이 된다. 전교생이 1천 명인 학교에 한 명만 감염되어도 나머지 999명이 피해를 본다. 현대 사회에서 천 명 이상의 규모인 조직은 군대, 회사, 학교 정도밖에 없다. 군대는 외부와 교류가 거의 없는 단절된 집단이라서 전염병이 돌아도 통제가 상대적으로 쉽다. 회사의 경우 조직은 크지만 콜센터 같은 일부 사업장을 제외하고는 개인이 차지하는 일인당 면적이 학교보다 크기 때문에 전염병을 피할 수 있다. 그런데 학교는 매일 등하교를 하는 열린 공간이고 인구밀도가 높은 교실에서 긴 시간을 보낼 뿐 아니라 쉬는 시간마다 그 공간에서 친구들과 이야기를 많이 나눈다. 학교는 전염병이 생겼을 때 가장 문제가 될 수 있는 공간이다. 코로나가 심각해지자 학교는 전교생이 집에서 수업을 듣는 온라인 수업이라는 극단의 해결책을 채택했다.

학교의 기능은 크게 세 가지다. 첫째, 지식 전달의 기능, 둘째, 또래들간 사회 공동체 경험의 장으로서의 기능, 셋째, 낮 시간 동안 아이들을 돌봐 주는 탁아소의 기능이다. 동영상 강의는 지식 전달의 기능을 해결해 주지만 나머지 두 개의 기능을 대체하지는 못한다. 동영상 강의는 이미 수십 년 전부터 방송통신대, EBS, 온라인 학원 등에서 사용해 왔던 방식이다. 그런 기술적인 해결이 있었지만 교육부는 매일 아침 등교하는 관행을 유지해 왔다. 거기에는 여러 가지 이유가 있다. 일단 학교 공간이 만드는 권력 구조의 상관관계부터 살펴보자.

종교를 설명하면서 다루었지만 공간 구조와 권력의 작동 원리에 대해서 다시 정리해 보자. 첫째, 사람들의 시선이 한곳에 모이는 곳에 위치하면 권력을 갖게 된다. 둘째, 더 많은 사람이 함께 볼 때 권력이 더 강해진다. 공간을 통한 권력 창출의 특징을 종교 시설과 똑같이 보여 주는 기관이 학교다. 학교 역시 같은 시간 같은 실내 공간에 학생들을 모아 놓고 한 방향을 바라보게 한다. 이때 앞에 서 있는 선생님은 권력을 가지게 된다. 1980년대에는 한 반 규모가 70명 정도고 전교생이 3천 명 정도였고 토요일에도 등교를 했다. 70명에게 일주일에 6일 동안 아침 저녁 조회와 종례를 하면서 학생들이 바라보는 교단에 서 있는 담임 선생님의 권력이 '70 × 6 × 2 = 840'이라면, 3천 명에게 일주일에 한 번 운동장 조회로 훈육을 하셨던 교장선생님의 권력은 3천이다. '3000 ÷ 840 ≒ 3.6' 정도이니 교장선생님의 권력은 담임 선생님보다 3.6배 정도 크다고 볼 수 있다. 운동장에 3천 명의 학생을 줄 세워 놓고 마이크로 훈계하시던 교장선생님은 사단장과 같은 권위를 가진다. 이런 공간 구조를 통해서 교권이 만들어지고 학교 사회가 유지되고 지식이 전달된 부분이 컸다. 우리가 학교에서 배우는 지식을 그대로 수용하는 이유에는 공간적인 배경도 한몫 차지한다. 이것이 나쁘다는 것은 아니다. 다만 교육의 메커니즘에서 공간이 차지하는 비중이 크다는 점을 말하는 것이다. 지난 수십 년간 학생 수가 줄어들면서 한 반의 학생 수는 30명으로 줄었다. 그러면 공간이 만들었던 담임 선생님의 권위도 반 토막 나게 된다. 그런데 온라인 수업을 하면 교권 중 공간을 통해 만들어진 부분이 사라지게 된다.

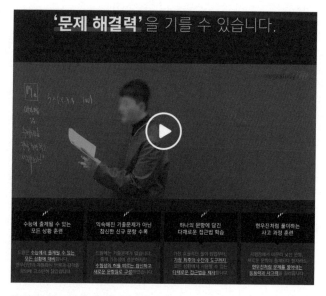

'문제 해결력'을 기를 수 있습니다.

한 온라인 학원의 수능 전문 인터넷 강의

3장. 천 명의 학생 천 개의 교육 과정

화가와 선생님

한 장소에 모을 수 없게 되었을 때 종교는 다른 방법을 찾았다. 중동
의 유목 민족인 이슬람교도들은 같은 장소에 모일 수 없으니 대신 하
루 다섯 번 메카를 향해서 기도드렸다. 이 방식으로 이슬람은 종교
권력을 키울 수 있었다. 한 장소에 모일 수 없다면 시간이라도 맞추
고 한 방향을 보아야 한다는 원리다. 이 원리를 수업에 대입해 보자.
온라인 수업을 하면 같은 모니터 영상을 보기 때문에 한 방향을 보
게 하는 효과가 있다. 하지만 생방송이 아닌 녹화 영상을 보게 되면
같은 시간에 맞추지 못해서 선생님의 권위와 권력은 약해진다. 온라
인 강의가 아무 때나 필요할 때 들을 수 있느냐, 아니면 생방송이냐
에 따라서 선생님의 권위는 차이가 난다. 그래서 요즘 온라인 컨퍼런
스를 진행하는 학회들은 자신들의 협회 행사의 권위를 위해서 강연
을 실시간 온라인으로만 송출한다. 아무 때나 볼 수 있을 때와 이때
가 아니면 안 된다는 것은 큰 차이가 있다. 마치 '한정판 제품(리미티
드 에디션)'과 같은 개념이다. 온라인 데이터를 한정판으로 만드는 방
법은 실시간 중계만 하는 것이다. 하지만 교권을 유지하기 위해 실시
간 온라인 수업으로 지금의 학교를 대체하는 것이 올바른 방법일까?
코로나 위기를 통해 학교를 더 진화시킬 방법은 없을까?

초상화를 실물과 똑같이 그리는 사람이 대접받던 시절이 있었다. 하
지만 사진기가 나오면서 그 직업은 사라졌다. 대신 화가는 사물을 똑
같이 그려 내는 능력 대신 자신의 머릿속 생각을 그리는 것으로 작업
의 무게 중심이 이동했다. 교육도 마찬가지다. 코로나 이후에 동영상

수업이 보편화가 되면 처음에는 기존의 시공간적 제약으로 만들어지는 권위가 사라지는 데 집착할 것이다. 교사들이 불필요하게 되는 게 아닌가 걱정할 수도 있다. 하지만 장기적으로 보아 선생님의 역할이 새롭게 만들어질 것이다. 이제 화가는 어느 누구도 사진기와 경쟁하지 않는다. 마찬가지로 선생님은 온라인 수업 동영상 속 일타강사와 경쟁하면 안 된다. 지식 전달의 기능은 일타강사나 유튜브상의 각종 동영상 자료로 해결 가능하다. 하지만 교육은 지식 전달이 전부가 아니다. 선생님은 지식 전달 이상의 가치를 만들어 낼 수 있어야 한다. 해답은 '대화'에 있다. 교육이라는 것이 선생님에서 학생으로 일방향으로 전수되는 흐름이 아닌, 학생과 대화를 통해서 쌍방향 커뮤니케이션을 하는 방향으로 진화해야 한다. 대화를 통해서 학생들 내면의 것들을 밖으로 드러나게 하는 것이 선생님의 역할이 될 것이다. 학생들 각자는 깊은 우물과도 같다. 선생님과의 대화는 두레박이다. 학생들 속에 깊이 내재되어 있는 잠재력을 긴 줄에 매달린 두레박으로 길어 내는 것이 선생님의 역할이 되어야 한다. 21세기 선생님들은 20세기 화가들이 했던 고민을 해야 할 때다.

3장. 천 명의 학생 천 개의 교육 과정

얀 반 에이크의 초상화 「붉은 터번을 한 남자의 초상」(1433)

사진은 인물의 모습을 그대로 담아낸다.

피카소가 그린 초상화 「우는 여인」(1937).
초상화가 사진 같은 기능을 했던 과거와 달리
사진기의 등장 이후 초상화도 화가의 생각과
개성을 강하게 드러내는 경우가 많다.

3장. 천 명의 학생 천 개의 교육 과정

페이스북과 온라인 수업

한때 엄청난 인기를 끌었던 싸이월드 대신 페이스북이 그 자리를 차지하게 된 이유는 무엇일까? 페이스북은 다른 사람의 콘텐츠를 쉽게 복사해 공유할 수 있을 뿐 아니라, 나와 다른 사람이 만든 콘텐츠를 한 장소에서 모두 볼 수 있다. 싸이월드는 콘텐츠 정보의 흐름이 하나의 방향이라면 페이스북은 개인들 사이를 거미줄처럼 연결한 네트워크를 통해서 개인 SNS 공간을 증폭시켰다. 지금처럼 선생님의 강의를 찍어서 올리는 온라인 수업은 싸이월드와 같다. 그렇다면 페이스북처럼 하는 온라인 수업은 어떤 걸까. 다른 유튜브 링크를 걸어서 수업의 내용을 풍성하게 만드는 것이다. 예를 들어서 양자역학에 대해서 배운다면 이와 연관된, 양자역학을 쉽게 설명하는 과학 동영상과 양자컴퓨터에 대한 동영상까지 링크를 걸어 주면 흥미가 있는 학생들은 호기심의 가지를 쭉쭉 뻗어 나갈 수 있을 것이다.

선생님만 콘텐츠를 올리는 일방향이 아닌, 댓글 달듯 학생들도 콘텐츠를 올리는 쌍방향 온라인 수업도 가능할 것이다. 온라인으로 하면 질문하기도 수월하다. 기존 교실 수업 시간에는 혼자 손을 들고 질문하는 게 부담스러웠다. 진도를 나가기도 바쁜데 질문해서 시간을 빼앗는다는 주변의 눈총이 있기 때문이다. 하지만 시간에 상관없이 댓글로 질문할 수 있다면 더 많은 사람이 질문을 할 것이다. 내가 학교에서 진행하는 수업에도 강의 중에 질문을 휴대폰 문자로 하라고 하면 더 많은 사람이 질문한다. 질문이 많아지면 수업이 쌍방향의 소통이 된다. SNS의 '댓글'이라는 기능은 방문자를 콘텐츠 크리에이터로 만들어 주는 방식이다. 온라인 강의에 댓글(채팅) 기능이나 스케치[3] 기능은 온라인 수업을 새로운 단계로 끌어올릴 수 있다. 수업을 들을 때 다른 동료들이 함께 듣는 것 같은 느낌을 주기 원한다면, 동시 접속자들의 얼굴을 볼 수 있는 페이지를 만들면 된다. 지금도 '줌zoom'이나 '팀즈teams' 같은 온라인 미팅 프로그램에 그런 기능이 있지만 이를 더 개발시킬 필요가 있다. 함께 참여하는 다른 사람들을 적극적으로 보여 주는 것은 현재 스포츠 경기장에서 많이 적용하고 있다.

2020년 미국 NBA 농구 경기는 플로리다 올랜도에 위치한 디즈니월드 내 작은 체육관에서 이루어졌지만, 배경 벽면에 실시간 시청자들의 얼굴을 천 명 가까이 띄워서 그들의 반응을 보여 줬다. 미국 메이저리그 야구 중계를 보면 카메라에 잘 들어오는 경기장 일부 좌석에 사람들의 얼굴을 크게 프린트해서 의자에 앉아 있는 것처럼 해 놓고 있다. 유럽 프로 축구 중계를 보면 있지도 않은 관중의 응원 소음을 배경으로 틀어 놓기도 한다. 이러한 사례들은 우리가 즐기는 것은 콘텐츠 자체뿐 아니라 다른 사람과 함께한다는 의식이 중요하다는 것을 보여 주는 증거다. 콘서트의 음악은 CD로 들어도 되고, 좋아하는 가수의 얼굴은 대형 TV 모니터가 더 자세하게 보여 준다. 하지만 자신과 같은 목적을 가진 사람들이 한 장소에서 동일한 이벤트나 사람을 보고 집중하고 열광하는 것은 인터넷상으로는 대체하기 힘든 경험이다. 이러한 가치들은 콘텐츠 자체에 영향을 미친다. 마찬가지로 혼자 수업을 듣는 행위는 지식 자체의 내용에는 영향을 미치지 않겠지만, 수업을 함께 듣는다는 것이 주는 가치에는 영향을 줄 수밖에 없다.

메이저리그 야구 중계 모습. 관중석에 사람들의 얼굴을 크게 프린트해 놓았다.

교우 관계의 부재

실제 공간상의 경험과 똑같은 체험을 주기 위해서 가상 현실(VR), 증강 현실(AR), 홀로그램 같은 기술들이 발전하고 있지만 실제로 체험해 보면 너무 조악한 수준이라서 현실 경험을 대체하기에는 십 년 내에는 역부족이라는 것을 알 수 있다. 그중에서도 가장 심각한 기술적 부족은 현재 수준의 VR 체험은 5분 내외의 짧은 일방향 경험이라는 것이다. 우리가 '리그 오브 레전드(LOL)' 같은 온라인 게임을 하게 되면 총 10명의 사람이 두 팀으로 게임을 진행한다. 이때 게임을 같이 하는 나머지 아홉 사람들의 행동이 실시간으로 내 모니터상의 게임에 영향을 주고 그 변수가 사실 모든 게임을 새롭게 만든다. 게다가 9명의 게임 플레이어들 간의 매번 다른 관계는 게임에 빠져들게 하는 요소 중 하나다. LOL 같은 게임은 수만 번을 해도 같은 게임이 없다. 그런데 VR 게임은 누군가가 작성한 스토리 라인이 정해져 있고 그에 따라서 진행될 뿐이다. 따라서 다른 플레이어와의 복합적인 관계 속에 만들어지는 우연성이 없다. 그렇기 때문에 VR 콘텐츠는 두 번 세 번 하면 같은 체험이라는 것에 질리게 된다. 우리가 온라인상에서 실제 같은 다이내믹한 경험을 주려면 참여한 사람에 의해서 변화하는 변수가 필요하다. 온라인 수업으로 학교를 대신하는 것은 이런 부분에서의 결핍이 있다.

아무리 다양한 동영상 수업 자료가 있다 하더라도 학교가 주는 가치 중 하나는 내 또래 친구들과의 관계가 주는 '무엇'이다. 그것이 때로는 왕따 같은 힘든 경험을 주기도 하고, 때로는 부모들은 이해 못하

　　　　　　　　　　　　　　3장. 천 명의 학생 천 개의 교육 과정

는 동년배끼리의 대화를 만들기도 한다. 온라인 수업만 진행되면 학교의 기능 중 두 번째에 해당하는 공동체 경험이 약해진다. 온라인 수업만 들은 학생들은 추후에 사회에 나가서 더불어 사는 경험을 두려워하는 시민이 될 가능성이 많다. 지금도 스마트폰과 문자에 익숙한 젊은 세대들은 대화나 전화를 두려워하고 문자로 소통하는 것을 선호한다. 그래서 밀레니얼 세대는 콜센터에 전화해서 직접 대화로 주문하는 것보다 배달의 민족 같은, 사람이 없는 인터페이스를 선호한다. 이미 시작된 이러한 '비대면 소비' 경향은 온라인 학교 수업의 비중이 늘어날수록 심해질 가능성이 크다. 온라인상에서 실제 대화를 흉내 내기 위해 페이스북은 아바타를 통한 실시간 그룹 채팅 기술을 개발하고 있다. 하지만 미묘한 감정이 실리는 실제 표정이 아닌 단순화된 아바타의 표정을 통해 소통하게 됐을 때 대인 관계의 훈련 정도는 큰 차이가 있을 것이다. 지금 우리는 대화가 아닌 문자로 대부분의 소통을 한다. 이럴 경우 표정보다는 이모티콘으로 나의 감정을 대신한다. 표정은 수천 가지의 감정을 나타낼 수 있지만 이모티콘은 많아야 수백 종류다. 내가 아는 단어만큼만 나를 표현할 수밖에 없듯이 객관식으로 골라야 하는 이모티콘에 의해서 내 감정은 단순화되고 한정된다. 자신의 감정을 표현하고 소통하는 능력이 점점 퇴화되는 것이다.

앞으로 우리가 생각해야 할 중요한 주제는 학교에서 온라인 수업의 비중이 늘어날 때 학생들에게 어떻게 대면 대인 관계와 공동체 훈련의 경험을 줄 수 있을 것인가이다. 이를 성공하지 못한다면 공감 능력이 떨어지는 사회인을 양산할 수 있다. 그런 사람들이 사는 세상은 누군가에게 조종되기 쉬운 대중으로 구성된 사회이거나, 지극히 개인주의적인 사회 구성원들의 세상이 되기 쉽다. 둘 다 위험한 일이다. 따라서 온라인 수업의 비중이 커질수록 오프라인의 대화가 있는 수업 양이 늘어나야 한다. 학생 두세 명과 선생님의 토론 수업일 수도 있고, 동네 체육센터의 스포츠 동아리를 통해서일 수도 있고, 주변 이웃을 돕는 프로그램이나 다양한 독서 토론회의 모습일 수도 있다.

종이 책, 오디오북, 동영상 수업

요즘은 책을 읽는 대신에 오디오북으로 듣기도 한다. 오디오북의 장점은 다른 일을 하면서도 들을 수 있다는 것이다. TV가 처음 도입되었을 때 사람들은 라디오의 생명은 끝났다고 예측했다. 하지만 의외로 라디오는 아직도 사랑받고 있는 매체다. 라디오의 장점은 들으면서 동시에 손과 눈은 자유롭게 다른 일을 할 수 있다는 것이다. 그래서 크게 집중하지 않아도 되는 일을 할 때에는 라디오를 틀어 놓고 일하기도 한다. 이러한 오디오의 장점을 이용해서 출퇴근 시간에 오디오북을 듣는 사람들이 있다. 낭비되는 시간을 사용한다는 점에서는 장점이지만 오디오북은 종이 책과 비교해서 단점도 있다. 종이책은 나의 생각의 속도나 흐름에 맞추어서 읽는 속도를 수시로 조절할 수 있다. 책을 읽다가 중요한 부분은 밑줄을 치기도 하고 내 생각을 종이에 적기도 한다. 종이 책은 전기에너지나 다른 어떤 도움 없이도 그 자체만으로도 언제나 재생 가능한 완전한 매체다. 게다가 그 정보를 추출하는 방식도 내 눈을 통해서 자의적으로 진행한다. 책 읽기는 자기 주도적 행위다. 반면에 오디오북은 플레이된 속도에 따라서 정보가 계속 공급되는 형식이다. 오디오가 플레이되는 속도는 일정하게 정해져 있어서 나의 생각의 흐름이나 속도에 상관없이 정보가 쏟아져 나온다. 정보를 저장한다는 점에서는 같지만 오디오북과 종이 책은 정보를 추출하는 방식이나 속도에서 차이가 있다. 책을 읽는 가장 중요한 목적은 단순한 정보 습득을 넘어 책 속 정보를 통해서 나의 생각을 만드는 것이다. 그런데 오디오북은 단순히 정보를 전달하는 데는 좋지만, 생각의 흐름을 나의 속도나 주파수에 맞추기가 어렵다는 단점이 있다. 오디오북은 종이 책에 비해서 사람을 수동적으로 만든다. 이러한 오디오북의 단점은 동영상 수업에서도 나타난다. 학생들은 녹화 동영상으로 수업을 들을 때 많은 경우 1.5배나 2배속으로 빠르게 듣는다. 그렇게 하면 정보 습득의 속도가 일반 수업에 비해 훨씬 효율적지만 빠르게 들을 경우 천천히 나의 생각을 발전시키는 공부의 목적에는 반反할 수 있다. 예전의 수업에서도 지식 전달은 한 방향으로 전달됐다. 하지만 동영상 수업을 하면 속도나 소통의 면에서 더 일방적인 지식 전달이 될 수 있다. 따라서 자신의 생각을 발전시키는 것에 중점을 둔 교육 프로그램들이 개발될 필요가 있다.

전교 일등이 없는 학교

학창 시절 '전교 일등'이라는 말이 주는 싸한 느낌이 있다. 똑똑한 머리로 천 명 가까이 되는 학업 경쟁의 생태계에서 정점을 찍은 최고 포식자의 느낌이 들기 때문이다. 이런 느낌이 만들어지는 전제 조건은 많은 학생 수다. 학창 시절 한 학년의 전교생은 천 명 정도였다. 거기서 일등이라 함은 상위 0.1퍼센트를 말한다. 그래서 느낌이 강렬했다. 한 학년이 천 명이고 세 개 학년을 합치면 3천 명의 학생들이 주 6일 학교에 등교했다. 지금 우리 아들이 다니는 고등학교 세 개 학년 전체 전교생은 천 명 정도다. 학생 수가 많다 보니 교육의 질을 유지하기 위해서 표준화 작업을 했고 그 사회의 거의 모든 학생은 비슷한 표준 교육을 받고 자란다. 이렇게 한 조직의 규모가 커지면 집단의 세력이 커지는 현상이 나타난다. 조직이 크기 때문에 '동문'이라는 말은 강한 집단의식을 만든다. 그 폐단은 우리 사회 곳곳에 있다. 이런 거대한 학교 규모를 유지해야만 할까?

전염병에 강한 학교를 만들려면 학교를 더 잘게 쪼갤 필요가 있다. 포스트 코로나 시대에 맞는 학교는 전교생 1,000명의 학교 한 개보다는 전교생 100명의 학교 10개를 만드는 것이 유리하다. 커다란 배는 수면에 잠기는 배의 하부를 여러 개의 칸으로 나눈다. 그렇게 하는 이유는 배에 구멍이 났을 때 배 전체가 침수되는 것을 막기 위해서다. 도시 공간 구조나 학교의 경우에도 이러한 지혜를 적용해야 한다. 굳이 전염병 때문이 아니더라도 줄어드는 학생 수에 맞게 그리고 4차 산업혁명 시대에 맞게 아이들의 특성이나 개성을 더 잘 살릴 수 있게 작지만 다양한 학교를 만드는 것이 좋을 것이다. 커다란 학교 한 개를 여러 개의 위성 학교로 나눌 필요가 있다. 서울의 경우 전체 연면적의 50퍼센트 정도가 주거고, 30퍼센트가량이 상업 시설이다. 그런데 코로나로 인해서 비대면 소비가 주를 이루게 되었고, 재택근무나 인공지능 도입, 사무자동화, 로봇의 상용화 등 기술 발달로 인해 상업 오피스 시설의 수요가 더욱 줄어들 것으로 예상된다. 상업 시설의 수요가 절반으로 줄게 되면 전체 도시 연면적의 15퍼센트가 공실이 된다. 이는 엄청난 양의 실내 공간이다. 이렇게 비는 상업 시설은 주로 주거로 바뀌어야 할 것이다. 그리고 일부 공간은 정부나 시에서 30년 장기 임대를 하거나 매입해서 학교나 도서관 같은 시설로 바꾸는 것도 고려해 볼 만하다. 온라인 수업을 할 경우 맞벌이 부부의 자녀들이 집에서 홀로 지내면서 학업 성취도 저하를 비롯한 여러 가지 사회적 문제가 대두되고 있다. 부모의 경제력과 자녀들의 교육 성과가 연결되면 사회 계층의 고착화를 야기한다. 이런 문제를 해결하기 위해서 도시 곳곳에 전염병의 위험성이 낮은 작은 규모의 위성 학교를 만들고, 학생들은 위성 학교로 등교하고 선생님이 그쪽으로 출근해서 지도하면 좋을 것이다. 이로써 학교의 세 번째 기능인 낮 시간 동안 아이를 돌봐 주는 탁아소의 기능을 자연스럽게 해결할 수 있다. 위성 학교로 등교하거나 온라인 수업을 듣는 학생이 많아질수록 기존 학교의 건물에 빈 교실이 많아질 것이다. 학교는 이러한 빈 교실을 부숴 테라스를 만들고 학생들이 10분 쉬는 시간에도 밖으로 나가서 마스크 없이 숨을 쉴 자유를 주면 좋을 것이다.

전염병 때문이 아니더라도 학교를 작은 규모로 나누는 것은 교육의 다양성을 만드는 데 도움이 된다. 조직이 커질수록 그 조직을 유지하고 관리하기 위해서 규율이 강조되고 표준화 지침에 많은 사람을 맞출 수밖에 없다. 그래서 소규모 벤처 기업보다는 그룹 대기업이 복장이나 기업 문화가 자유롭지 못한 것이다. 전교생 1천 명의 큰 학교는 대기업처럼 운영되어야 하기 때문에 불필요한 규율도 있을 것이고 개개인에게 맞추어진 교육을 하기 어렵다. 그렇다면 왜 이러한 규모가 계속 유지될까? 생각해 보면 사실 지금 같은 규모의 학교는 학교 운동장 크기가 결정한다고 해도 과언이 아니다. 우리나라 학교의 체육 수업은 기본적으로 축구를 할 수 있고 100미터 달리기를 할 수 있는 규모가 최소라고 상식으로 받아들여진다. 그 정도 크기의 운동장을 배당하려면 적어도 1천 명 정도의 전교생이 필요하다. 1백 명 규모의 학교마다 축구장만 한 운동장을 줄 수는 없기 때문이다. 만약 학생들을 위한 운동장, 체육관, 도서관을 학교 안 시설에 국한하지 않고 도시의 사회 체육 시설이나 도서관을 이용한다면 굳이 지금 같은 규모의 학교를 고집할 이유도 없다.

플래시몹flash mob이라는 것이 있다. 텔레커뮤니케이션이 발달하면서 특정 장소, 특정 시간에 모여서 집단 행동을 하고 다시 사라지는 것을 말한다. 기술 발달 덕분에 이러한 시민 집회도 더 쉬워졌다. 과거에는 대자보를 붙이고 전단지를 목숨 걸고 뿌리고 다녔어야 했던 것을 이제는 트위터와 카톡으로 시위 집회를 쉽게 조직할 수 있다. 기술은 사람의 모임을 쉽고 빠르게 할 수 있게 만들었다. 이 기술을 학교에 적용한다면 우리는 더 이상 매일 같은 공간의 학교에서 같은 시간에 수업을 들을 필요가 없다. 휴대폰 앱으로 선생님과 5인 소규모 수업 시간과 장소를 정하고 만나면 된다. 선생님이 이동하면서 동네 상가의 비어 있는 4층에 위치한 위성 학교의 교실에 모여 수업하면 된다. 체육 수업도 학교 운동장이 아니라 동네 체육 시설을 이용해도 된다. 그러기 위해서는 각 부처 간의 협업이 필수적이다. 이전에 세종시 해밀 초중고를 설계하면서 중고등학교 운동장을 가운데 위치한 공원으로 옮겨서 낮에는 학생들이 숲속에서 축구를 하고 방과 후에는 시민들이 사용할 수 있게 디자인한 적이 있다. 이때 세종시와 교육부가 운동장의 유지 관리비 지불과 책임 소재를 놓고 갈등한 적이 있었다. 사용자는 두 종류인데 공간은 하나이기 때문이다. 만약에 위성 학교의 학생들이 주변의 시민 체육 시설을 사용하게 되면 체육 시설의 관리 책임 소재를 두고 갈등이 있을 수 있다. 향후 더 업그레이드된 학교 및 사회 운영 체계를 만들기 위해서는 부처 간의 수평적인 협업이 더욱 필요하다.

내가 꿈꾸는 미래의 학교는 이런 모습이다. 이번 주 금요일은 엄마 아빠가 온라인으로 재택근무를 해도 되는 날이다. 스마트폰앱으로 3일 동안 묵을 수 있는 집을 전라도 고창에서 찾아 예약했다. 목요일 퇴근 후 온 가족이 고창에 내려가서 잠을 잤다. 다음날인 금요일에 엄마는 숙소에서 온라인으로 회사 일을 보시고, 아이는 아빠와 함께 새로 오픈한 멋있는 고창도서관에 가서 수학, 과학, 한국사 온라인 수업을 들었다. 그날 한국사 수업은 마침 고창에서 처음 시작된 동학운동에 대한 이야기였다. 토요일에 고창의 동학 유적지를 가 보기로 했다. 수업을 듣고 미리 휴대폰으로 예약한 고창고등학교 체육 선생님의 수업에 참여하러 고창고등학교에 갔다. 그곳 운동장에서 고창고등학교 학생들과 축구를 하고 체육 수업 확인증을 받았다. 수업을 마치고 그곳 아이들과 휴대폰 연락처를 교환했다. 그중 몇 명은 다음 달에 서울에 올라와서 같이 수업을 듣기로 했다. 이로써 학교 동문이 같은 동네 친구들로 국한되지 않고, 전국 어디서 누구와도 동문 친구가 될 수 있게 되었다. 같은 시간에 형은 혼자서 등산을 하고 동영상을 찍어서 체육 선생님에게 보내고 체육 수업을 한 것으로 인정받았다. 우리는 더 이상 한 장소의 캠퍼스에 국한되어 학업을 할 필요가 없다.

이미 2011년부터 '미네르바 스쿨'은 이를 실천하고 있다. 대학과 같은 고등교육 기관인 미네르바 스쿨은 전 세계의 도시 곳곳에 위치한 캠퍼스에 가서 생활하고 동영상 수업을 듣는 것으로 교육을 실행한다.

예를 들어서 1학년은 샌프란시스코, 2학년은 서울과 인도의 하이데라바드, 3학년은 베를린과 부에노스아이레스, 4학년은 런던과 타이베이에서 수업을 듣는다.

지식 전달을 동영상 강의로 대체하게 될 때 인공지능의 도움을 받는다면 더 좋은 교육 결과를 만들 수 있다. 애리조나주립대학교는 오래전부터 이 방식을 적용해 효과를 보고 있다. 애리조나주립대학교 회계학과는 학기 초에 학생들의 학력을 측정하는 테스트를 한 후 D 성적을 받은 학생에게 인공지능이 제공하는 교육 과정으로 교육시킨다. 기초가 부족한 학생은 기존의 평균치에 맞추어진 수업을 따라가지 못하기 때문이다. 인공지능의 도움으로 동영상 수업을 통해 기초부터 차근차근 교육받은 학생이 학기말에 A 성적을 받는 경우도 있다. 어느 중 3 학생이 생물에 관심도 많고 재능도 많다면, 중 3 때 고 3의 생물 수업까지 다 들을 수도 있다. 심지어 국제 학술지 『네이처』의 최신 논문을 공부할 수도 있다. 반면 수학에 재능과 관심이 없다면 그 수준에 맞게 천천히 진도를 나가고 끝까지 배울 필요가 없을 수도 있다. 이렇게 천 명의 학생에 맞춘 천 개의 다른 교육 과정이 있는 학교가 내가 꿈꾸는 학교다. 이런 세상에 전교 일등은 없다. 모두가 자신의 길을 만들어 가는 학교다.

전교 일등이 없는 학교를 만들자는 것이 세상 전체에 경쟁이 없는 사회주의 국가를 만들자는 의미는 아니다. 자신이 선택한 분야에서는 공정한 경쟁도 있고 1등도 있을 것이다. 공정한 경쟁을 통해서 세상은 더 나아질 수 있기 때문이다. 다만 이번 기회에 모든 학생이 같은 해에

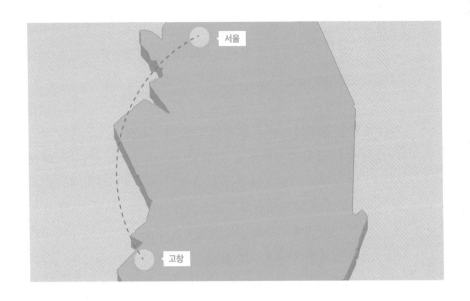

숙소에서 재택근무하는 엄마

고창도서관에서 아빠와 함께 온라인 수업을 듣는 아이

고창고등학교 학생들과의 체육 수업(축구)　　　　　체육 수업을 등산으로 대체한 형

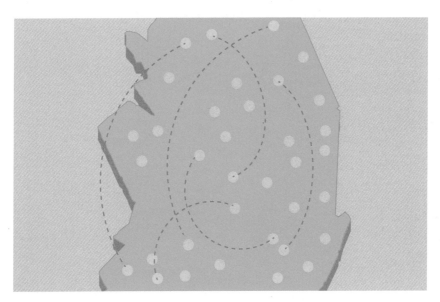

한 장소에 국한되지 않고 전국 어디서든 수업할 수 있고, 그곳의 아이들과 친구가 될 수 있다.

　　　　　　　　　　　　　　　　　3장. 천 명의 학생 천 개의 교육 과정

태어났다는 것만으로 같은 교육 과정에서 경쟁해야 하는 제도는 바뀌면 좋겠다. 지금은 때와 장소를 가리지 않고 온라인 강의를 들을 수 있고 사람 간의 만남도 쉽게 조직할 수 있다. 이런 시대에 매일 매일 전교생이 한 장소, 한 시간에 모여서 같은 선생님, 같은 아이들과 수업을 들을 필요는 없다. 오래전부터 그런 학교는 가능했지만 우리의 공교육은 변화를 거부해 왔다. 어쩌면 코로나19라는 재난은 이러한 정체된 세상을 다음 단계로 움직이게 하는 계기가 될 수도 있다.

교육 큐레이터 선생님

위의 사도삼촌四都三村의 미래 학교 시나리오가 진행됐을 때 문제가 하나 있다. 다름 아닌 이런 교육에서 소외되는 계층이다. 위와 같은 시나리오가 되려면 일단 부모가 재택근무를 할 수 있어야 하고 주말에 다른 지방에 숙소를 잡을 정도의 경제적 여유가 있어야 가능하다. 과연 우리나라에 그럴 수 있는 사람이 얼마나 될까? 현재 사무직은 전체 일자리의 50퍼센트가 조금 넘는 수준이다. 이 일자리 모두가 재택근무를 한다 해도 나머지 절반은 재택근무가 불가능하고 사도삼촌의 미래 학교는 남의 이야기일 뿐이다. 내가 초등학교 시절 싫었던 시간은 그림일기를 그리는 시간이었다. 주말 동안에 그림으로 그려서 쓸 만큼 특별한 체험이나 이야기가 없어서다. 반면 자가용이 있었던 옆자리 친구는 주말마다 가족들과 교외로 놀러 나갈 수 있어서 쓸 이야기가 많았다. 우리 아빠는 일요일마다 혼자 등산을 가거나 출근하셨고 나는 엄마와 형과 교회에 가는 반복되는 일상뿐이었다. 가족과 함께 즐거운 시간을 보낸 일이 없다 보니 그림일기를 쓸 일이 없었던 거다. 학교가 바뀌고 4일은 도시에서 3일은 시골에서 보내는 시대가 되었을 때 그렇게 살지 못하는 아이들은 상대적 박탈감이 클 것이다.

하지만 이런 그림자가 있다고 모든 아이들에게 똑같은 교육을 해야할까? 획일화된 교육이 평등한 사회를 만들 수 있을지는 모른다. 하지만 획일화를 통한 평등한 사회는 가치관의 정량화를 이끌고, 그에 대한 부작용은 이미 지난 50년 넘도록 넘치게 경험해 보았다. 획일화되지 않고 다양한 교육 과정을 실행하기 위해서 새로운 선생님의 역할이 필요하다. 기존에는 한 가지 교육 과정을 통해서 학생들에게 지식을 전달하는 것이 선생님의 주요 역할이었다면, 이제 선생님의 주요 역할은 학생들 개개인에 맞는 교육 과정을 개발해 주는 것이 되어야 할 것이다. 선생님은 단순 지식 전달자를 넘어 교육 과정 큐레이터가 되어야 한다. 주말에 지방에 가서 놀지 못하는 학생들도 독특한 자신만의 체험을 만들고 자존감을 충분히 가질 수 있게끔 그 학생만의 개인 맞춤형 교육 과정을 만드는 것이 선생님의 역할이다. 앞으로 선생님의 역할은 더욱 중요해질 것이다. 그런 학교를 만들기 위해서 더 많은 선생님이 필요해질 수도 있다.

교육이란 무엇인가

기존 교육에 대한 문제점은 끊임없이 지적돼 왔다. 새로운 교육을 찾아야 하는 지금 시점에서 우리는 근본적인 질문을 해야 한다. 온라인 수업을 오프라인 수업과 비슷하게 할수록 성공적인 수업일까? 교권이 있어야 교육이 성립되는 걸까? 이는 마치 "건축 공간이 만든 권위가 사라진 종교는 어떤 본질적 답을 줄 수 있을까"라는 질문과도 연결되어 있다. 익숙한 공간 체계가 사라지는 이 시대는 우리에게 근본적인 질문을 던지고 있다. 과거 임금이 없으면 나라가 끝나는 줄 알았던 시절이 있었다. 실제로는 임금이 없어도 세상은 더 잘 굴러 갔다. 하지만 임금이 사라진 자리에 때에 따라서 파시즘 같은 독재가 빈자리를 채우는 비극도 있었다. 과거 예술품의 대량 생산이 가능해지자 발터 베냐민 같은 비평가는 예술품의 아우라가 사라졌다고 말했다. 하지만 대신 영화라는 새로운 대중 예술이 탄생했다.

자동차가 만들어진 후에도 사람들은 승마를 하고 사진기가 발명된 후에도 화가들은 그림을 그리고 소비자는 화가의 그림을 사고판다. 하지만 그런 행위는 상위 1퍼센트 이하의 부유한 사람만 할 수 있다. 앞으로 온라인 수업은 저렴한 교육이라는 새로운 세상을 열 것이다. 그런데 그런 세상에서 오프라인 학교가 상위 1퍼센트 이하 사람들만의 전유물이 될 가능성도 있다. 그럴 경우 그 1퍼센트의 사람들은 더욱 더 공고하게 결속되어 그들만의 리그를 만들 가능성이 많다. 프랑스가 대학을 평준화시키자 오히려 '그랑제콜'이라는 엘리트 학교 졸업생이 프랑스 정재계를 장악했다. 향후 온라인 수업이 늘어나게 되면 이런 문제점을 경계해야 한다. 전염병으로 다핵 구조로 흩어지게 됐을 때 경제적으로 여유가 많은 일부 사람들은 구분된 공간에서 구분된 사람들만의 학교를 만들 수도 있다. 이러한 경향은 사실 주거 공간이나 상업 시설에서도 나타날 것이다. 전염병이 심해질수록 공간의 양극화 현상은 심화될 위험이 있다. 만약에 학교가 그렇게 소수의 부자들만 모여서 교육할 수 있게 된다면 그들은 같은 시공간을 공유하면서 생기는 공동체 의식이 다른 누구보다 강해질 수 있다. 현재 우리나라 사회의 많은 학연과 지연의 문제점들은 모두 이러한 장소성과 연관된 공통의 추억을 공유하기 때문에 만들어진 결과다. 그러한 공동체적 유대감이 특수 엘리트 집단 내에서만 나타난다면 얼마나 강하게 작동할지 역사를 통해서 알 수 있다. 과거 명문 고등학교 명문 대학교들이 그러한 역할을 했었다. 17세기 유럽의 부자들이 '그랜드 투어'라고 해서 이탈리아 같은 유럽의 유서 깊은 곳을 여행하는 것이 유행이던 시절이 있었다. 이 역시 공통의 추억을 통해서 유대감을 키우기 위함이다. 21세기 현대의 우리나라 사회에도 이와 비슷한 일들이 일어나고 있다. 그렇다고 이런 단점 때문에 교육의 진화를 막을 수는 없다. 역사를 통해서 인간의 본능을 파악한다면 다음 시대의 온라인 교육 시스템에서 보완해야 할 점을 예상할 수 있을 것이다. 단점을 보완해 가면서 진화를 늦추지 말아야 한다.

전염병으로 기존 교육 시스템이 도전받고 있다. 전 세계가 이제 같은 출발선상에 서 있다. 과거 근대화에 늦었던 우리의 조상들은 서구에서 만든 학교 시스템을 모방하기 급급했다. 그런 구 세대의 삶을 반복할 것인가. 아니면 우리가 새롭게 공립학교 시스템을 만들어서 새 시대를 열 것인가 선택의 기로에 서 있다. 새로운 공립학교 시스템을 만들기 위해서 우리는 과연 "교육이란 무엇인가"라는 질문에서 시작해야 할 것이다. 나는 교육은 자신만의 눈으로 세상을 볼 수 있는 생각의 틀을 만들어 가는 것이라고 생각한다. 아마도 많은 사람이 동의하지 않을 것이다. 이러한 근본적인 질문에 대한 토론부터 시작돼야 한다.

4장.

출근은
계속할 것인가

일자리의 55퍼센트

온라인 재택근무가 시작되었다. 기술적으로는 수십 년 전부터 가능했던 일이지만, 지금까지는 '부하 직원은 내 눈앞에서 일해야 한다'는 직장 상사의 생각 때문에 제대로 실행되지 못했다. 그런데 전염병이 돌자 어쩔 수 없이 하게 되었다. 2018년 기준 대한민국 일자리 중 사무직 근로자는 전체 일자리의 55퍼센트다. 2017년 「니혼게이자이신문」이 일본의 종업원 수 1백 명 이상인 기업 602개를 조사한 결과 35퍼센트의 기업이 재택근무를 도입했다고 한다. 물론 재택근무를 택한 기업 중 42퍼센트는 재택근무를 하는 정직원이 1퍼센트 미만이었고, 재택근무를 하는 회사 중 9퍼센트가 정직원의 10퍼센트 이상이 재택근무를 한다는 결과였다. 하지만 이는 코로나 이전의 통계고, 코로나 이후에는 그 비율이 더 늘었다. 향후 재택근무가 늘어나게 되면 출퇴근 교통량, 학군, 오피스 공간 수요 등에서 변화가 있을 것이고 이는 도시 공간을 변형시킬 것이다.

재택근무가 가능해진 것은 일의 많은 부분이 실제 공간에서 온라인 상의 가상공간으로 이동했기 때문이다. 인류 최초의 일자리는 숲이었다. 숲에서 사냥하고 열매를 채취했다. 농업혁명이 일어나자 인류의 일자리는 나무가 있는 숲에서 풀이 자라는 땅으로 바뀌었다. 산업혁명이 일어나자 우리의 일자리는 땅에서 실내 공장으로 바뀌었다. 정보화 사회가 되자 일자리는 사무실로 옮겨졌다. 이제는 우리의 일터가 사무실에서 가상공간으로 옮겨지고 있다. 일하는 공간은 점점 더 안전하고 쾌적해졌다. 수렵 채집 시기에는 맹수의 위협이 있는 곳

4장. 출근은 계속할 것인가

벼농사 짓는 모습

에서 일했고, 농사지을 때에는 비를 맞으며 일하기도 했고, 공장에서
는 시끄러운 소음과 먼지 속에서 서서 일했다면, 지금의 사무직은 여
름에는 에어컨이 나오고 겨울에는 히터가 나오는 곳에서 앉아서 일
한다. 인간은 상당 부분의 일자리 공간을 쾌적하게 만들어 왔다. 현
대에 와서는 개인 컴퓨터가 생겼고 이를 통해 업무의 많은 부분을 컴
퓨터 내 공간에서 처리하고 정보를 인터넷으로 주고받게 되었다. 이
제 일을 하는 서류는 내 책상 위에 있지 않고 인터넷 가상공간 속 클
라우드에 있다. 우리는 새로운 업무 공간을 창조해 낸 것이다. 이러한
기술적 진보로 회사에 출근해서 책상 앞에 앉아 일해야 하는 이유가
점점 더 줄어들었다.

사무실에서 일하는 모습

클라우드에 저장한 파일이 저장되는 서버

4장. 출근은 계속할 것인가

우리나라 직장에 회식이 많은 이유

우리나라에만 있는 대표적인 직장 문화 중 하나가 '회식'이다. 회식을 할 때 우리는 저녁 먹는 것에서 만족을 못하고 2차 호프집, 3차 노래방까지 간다. 밀레니얼 세대가 들어오면서 이런 회식 문화는 많이 사라졌지만, 2000년대 초반까지도 퇴근 후 직장 동료들끼리 식사하는 문화가 강하게 자리 잡고 있었다. 이유가 뭘까? 다른 나라에서는 수백 년에 걸쳐서 진행된 산업화가 우리나라는 수십 년 만에 급격하게 진행됐기에 벼농사 노동 문화가 남아 있어서다. 벼농사 지역은 일 년 중 비가 1천 밀리미터 이상 많이 내린다. 모내기를 할 때에는 논에 물을 담아야 한다. 비는 여름철에 많이 내리는데 모내기는 봄에 한다. 미리 물을 저장했다가 봄에 써야 하는 것이다. 이를 위해 저수지를 만들기도 하고 이래저래 물을 다루기 위한 토목 공사가 많다. 이러한 규모의 토목 공사는 여러 명이 힘을 합쳐서 해야 한다. 모내기도 같이 하고 추수도 가을에 태풍이 오기 전에 힘을 합쳐서 빨리 처리해야 한다. 벼농사에는 집단 노동이 많다. 집단 노동이 많다 보니 집단 우선주의가 강하다. 반면 밀 농사는 혼자 씨를 뿌리면서 농사짓는다. 개인 노동이 주를 이루어서 밀 농사 문화권은 개인주의가 발달해 있다.

　벼농사를 지을 때 직장 동료는 옆집 이웃이다. 당시에는 냉장고도 없었기 때문에 음식을 많이 해서 남으면 상하기 전에 이웃과 나눠 먹었다. 그래야 내가 배고플 때 이웃의 음식을 나눠 먹을 수 있기 때문이다. 노동을 같이하기도 하고 노동 중에 밥을 같이 먹고, 평소에도 이웃과 음식을 나눠 먹었다. 잠만 따로 잘 뿐이지 동네 전체가 거의 같은 식구나 마찬가지였다. 그러한 삶의 형태는 도시로 이사를 온 다음에도 이어졌다. 우리 집의 경우도 시골에서 올라오신 할머니는 이웃과 음식을 나누고 항상 가깝게 지내셨다. 그런데 산업화 이후 도시에서 살고 일하게 되면서 한국 사회는 달라졌다. 일단 직장 동료는 이웃이 아니다. 내 옆자리에서 일하는 직원은 내 옆집에 사는 사람이 아니다. 한 부서 내 열 명 정도의 직원 중 같은 동네에 사는 사람은 거의 없다. 수백 년 동안 이어져 내려오던 노동 문화는 가족적인 분위기였다. 그런데 도시 속 회사의 노동 방식은 전승되어 오던 벼농사 노동 문화와 달랐다. 그럼에도 벼농사 문화의 관성으로 동료들과는 가족처럼 밥도 같이 먹고 가까워야 한다는 생각을 했다. 그러다 보니 퇴근 후에도 가족처럼 밥을 같이 먹는 회식 문화가 자리 잡게 된 듯하다.

산업화가 자리 잡은 이후 회식 문화는 꼰대의 상징이 되면서 사라지고 있었다. 직장 생활도 철저하게 사생활을 존중해 주는 쪽으로 바뀌었다. 월차를 신청할 때 이유를 물어보면 안 되고, 휴가 때 어디서 무엇을 하는지 물어보는 것도 실례가 되는 시대가 되었다. 이제 재택근무까지 하니 철저히 개인주의적인 회사 생활이 되었다. 직원 선발부터 업무까지 철저하게 비대면으로 일을 처리하는 회사도 생겼다. 그런 회사 중 한 회사가 같은 공간에서 함께 시간을 보내지도 않고, 회식도 없다 보니 팀워크에 문제를 느꼈다. 사장은 이 문제를 해결하기 위해 일 년 동안의 임대료와 회식비를 모아서 전 직원이 해외여행을 함께 갔다. 하지만 같은 시공간에서 일하면서 만들어지는 공동체 의식과 놀면서 만들어지는 공동체 의식은 다르다. 공통의 목표와 성취에 기반을 둔 공동체 의식은 같이 여행을 간다고 만들어지지는 않는다. 재택근무를 하게 되면 생겨나는 인간관계의 변화는 무엇인지, 그리고 그것이 만드는 새로운 조직 문화와 여파는 어떤 것이 있을지 생각해 보자.

4장. 출근은 계속할 것인가

재택근무와 일자리의 미래

2020년, 교회 예배가 먼저냐 코로나 방역이 먼저냐를 두고 정부와 종교계가 부딪혔다. 이런 갈등의 배경은 교회 조직은 물리적 공간에 모이는 행위에 의존도가 높기 때문이다. 같은 시간에 같은 장소에 모여서 예배드림으로써 교회는 조직되고 공동체 의식이 강화된다. 일주일에 한 번씩 드리는 예배는 오프라인 공간에서 물리적 시공간을 공유하는 행위다. 예배를 못 드리면 시공간 공유가 없어지고 이는 교회 공동체를 약화시킨다. 만나지 못하는 시간이 길어지면 공동체는 해체된다. 장거리 연애가 실패하는 원리와 같다. 이처럼 오프라인 공간에서 모이는 행위는 권력 구조를 만들고, 그렇게 만들어진 권력 구조는 공동체를 만든다. 회사도 마찬가지다.

회사는 업무 수행이 가장 중요한 이익 집단이다. 따라서 어디서든 업무만 수행할 수 있다면 굳이 한 공간에 모여 있을 필요가 없다고 말한다. 재택근무가 당위성을 갖는 배경이다. 맞는 말이지만 일주일에 한 번 모이는 예배와 마찬가지로 주 5일 하는 출근은 공동체를 형성하는 역할을 한다. 출근을 하지 않으면 회사 공동체도 약해진다. 코로나 방역 단계의 강화가 논의되면서 내가 운영하는 설계사무소도 재택근무를 검토해 보았다. 우선 직원의 집에 대형 모니터와 데스크톱 컴퓨터를 설치해서 집에서도 근무할 수 있는 인프라를 구축하려고 했다. 그런데 직원들은 데스크톱 컴퓨터 대신 랩톱 컴퓨터를 원했다. 이유인 즉 자신들의 작은 집은 근무하기 열악하니 카페에서 일을 해야 하고 그래서 랩톱이 필요하다는 것이다. 최초에 재택근무의 이유는 출퇴근 시 코로나 감염의 가능성을 줄이기 위해서였다. 그런데 카페에서 일을 한다면 방역에 아무런 의미가 없게 된다. 결국은 일단 러시아워를 피해 출퇴근 시간을 조정하는 선에서 마무리되었다. 건축설계사무소는 업무 특성상 고성능 데스크톱 컴퓨터와 큰 모니터가 필요하다. 그래서 직원들은 두 대의 모니터를 앞에 두고 일한다. 그리고 이 모니터들은 주로 자신의 공간을 가려 주는 칸막이벽의 기능도 겸하고 있다. 랩톱 컴퓨터의 작은 스크린에서 건축 설계 그림을 그리는 것은 업무 효율을 떨어뜨린다. 정해진 내 자리 없이 매일 다른 자리를 찾아서 앉는 자율 좌석제를 도입한 현대카드 여의도 사무실의 경우에도 그래픽 작업을 하는 직원들은 대형 모니터를 사용해야 해서 지정 좌석을 이용한다.

업종에 따라 카페에 앉아서 랩톱으로 업무를 충분히 할 수 있는 직종이 있다. 주 업무가 보고서 작성, 이메일 작성, 소프트웨어 개발, 화상회의를 하는 일이라면 장소에 구애받지 않고, 모바일로도 작업이 가능하다. 그런데 사무실에 출근하지 않고 집이나 카페에서 랩톱으로 일한다면 과연 그들은 사무실 직원인가 아니면 프리랜서인가? 직원과 프리랜서의 차이는 같은 시간에 같은 공간 안에 있느냐 아니면 다른 공간에서 따로 일하느냐의 차이도 큰 비중을 차지한다. 업무를 한다는 측면에서 같을지라도 같은 시공간에 있지 않으면 조직에 대한 귀속성이 약해지고, 같은 공간에 있을 때보다 업무 전달이 늦어져 일 처리가 지연되기도 한다. 재택근무를 하면 자연스럽게 회사 조직의 재구성과 해체가 이루어진다. 고용주는 '재택근무만 하는 직원을 각종 의무가 있는 정직원으로 둘 필요가 있는가?'라는 생각을 하게 될 것이다. 만약에 열 개의 정직원 일자리가 있다고 하자. 이들이 모두 프리랜서로 바뀌게 되면 프리랜서 일자리는 열 개보다 줄어든다. 보통 열 개의 정직원 일자리는 열 명이 다 필요해서가 아니다. 이중 상당수는 피크 타임 때의 수요 때문에 대기한다. 그런데 만약에 모두가 프리랜서가 된다면 이 중 능력이 많은 사람에게는 두세 가지의 일이 돌아가게 될 것이다. 회사마다 일이 바쁜 시간대가 다르기 때문에 한 사람이 두세 개의 프로젝트를 수행할 수 있기 때문이다. 그렇게 되면 과거 열 명의 정직원이 일하는 업무를 일곱 명의 프리랜서가 할 수 있게 된다. 세 개의 일자리가 줄어드는 것이다.

52시간 근무, 4대 보험 등의 장치는 안정적인 직장을 만들고 그를 통해서 사회적 안전망을 구축하려는 시스템이다. 향후 재택근무는 공간이 만들었던 정직원 중심의 조직 구조를 해체할 것이고, 조직 구조의 해체는 노동자의 안전망 해체로 이어질 가능성이 높다. 러시아워에서 해방되고 정해진 시간에 출근하지 않고 집이나 카페에서 편하게 일하는 것은 업무 공간을 개인화시킨다. 이러한 개인화된 공간 체계는 조직을 쪼개서 개인으로 파편화시킬 것이고, 이는 일자리의 프리랜서화를 가속시킬 것이다. 팀장급 이상의 사람들에게 재택근무에 대한 평가를 들어 보면, 재택근무를 하게 되면서 개인별로 업무의 계획과 실행이 명확해져 기존에 큰 조직 내에서 무임승차하던 사람들을 구분해 낼 수 있게 됐다고 한다. 다른 말로 하면 개인의 업무 수행 능력을 냉정하게 평가받는 사회가 된다는 이야기다. 업무의 프리랜서화가 되고 개개인의 업무 수행 능력이 명확하게 평가되면 일을 잘하는 사람은 더 많은 일을 하고 보수가 올라가는 한편, 일을 못하는 사람은 조직에서 쉽게 퇴출될 수 있다. 큰 조직에는 업무를 잘 못해도 남의 이야기를 잘 들어 준다든지, 회식 때 분위기를 잘 띄운다든지, 하다못해 담배를 같이 필 수 있는 동료라는 등 조직 유지에 필요한 역할을 잘 수행하는 사람들이 있다. 재택근무에서는 이러한 인간관계 역할의 필요가 사라지게 된다. 그만큼 일자리의 총수는 줄어들 것이다. 2020년 코로나는 회식 문화를 없앴고, 이제는 직장 주변의 골목 상권이 와해되고 있다. 프리랜서가 늘어나면 직장 중심으로 구성된 의료보험 제도도 바뀌어야 한다. 향후 재택근무가 만들어 낼 세상은 회사 공간이 만들었던 조직 공동체의 보호막을 약화시킬 것이다. 정직원을 중심으로 구성됐던 사회 보호 시스템의 업그레이드가 필요한 시대가 올 것이다.

거점 위성 오피스

재택근무가 장기화되면서 불만을 이야기하는 사람들이 늘고 있다. 그 대상은 주로 좁은 원룸에 살고 있는 사람들과 어린 아이를 키우는 사람들이다. 그들은 집에서 일에 집중하기가 어렵다는 고충을 토로한다. 재택근무가 제대로 되려면 일할 공간이 확보된 더 큰 집이나 완전히 새롭게 디자인된 주거가 공급되어야 한다. 그 수요는 수백만 채에 달할 것이다. 재택근무와 함께 주거 공간의 업그레이드가 필요하다. 온 가족이 집에서 일과 휴식을 동시에 할 수 있는 조건이 되어야 하는데 갑자기 큰 집으로 이사를 가기는 어렵다. 시 외곽으로 이사 가서 넓은 집으로 갈 수도 있지만 편리하고 즐길 것이 많은 도시를 떠나 외곽으로 가는 것은 쉽지 않다. 그리고 100퍼센트 재택근무만 하는 경우도 드물어서 완전히 외곽에서 사는 것은 불편하다. 새로운 주거가 정착되기 전에 사무 공간이 어떻게 구성될 필요가 있을지 생각해 보자.

재택근무를 막는 요소 중 하나는 보안상의 이유가 있다. 대부분의 대기업은 사내에서 사용하는 서류에 보안 장치를 해 놓고 있다. 보안이 중요한 삼성전자의 주요 부서는 코로나19 사태에도 재택근무를 하지 않았다. 출퇴근으로 낭비하는 시간을 없애고 회사 보안은 지키면서 공동체 의식은 유지하는 방법으로 거점 위성 오피스가 있다. 1백 명 이하의 작은 회사는 더 이상 쪼갤 정도의 규모가 되지 않기 때문에 지역 거점에 위치한 위성 오피스 시스템이 무의미하다. 하지만 대기업의 경우는 고려해 볼 만하다. 실제로 모 그룹은 사옥을 없애고 지역마다 위성 오피스를 두어 모든 직원의 출퇴근 시간을 15분 이내로 만들려는 시도를 하고 있다. 이는 기업 문화에 새로운 전기를 마련할 수 있을 것이다. 일반적으로 대형 그룹은 계열사가 수십 개로 쪼개져 있다. 그리고 각 계열사 간에는 보이지 않는 벽이 있어서 협업이 잘 이루어지지 않는다. 그렇게 되는 이유는 각 계열사 간에 사장이 따로 있고, 그 사장들은 각각 자신만의 왕국을 만들길 원하기 때문이다. 전체 그룹을 경영하는 최고 경영자 입장에서는 탐탁지 않은 일이다. 수천 명의 직원이 유기적으로 융합해서 시너지 효과를 얻을 수 있다면 좋을 텐데 계열사 조직 구성이 만든 현실은 그렇지 못하다. 위성 오피스 시스템은 이런 수직적 계열 구조에서 탈피해 계열사 간의 벽을 없애고 수평적인 조직을 만드는 데 도움이 될 것이다. 이때 지정석을 줄 것이냐, 아니면 매번 랩톱 컴퓨터를 가지고 메뚜기처럼 이동하게 할 것이냐는 또 다른 문제다.

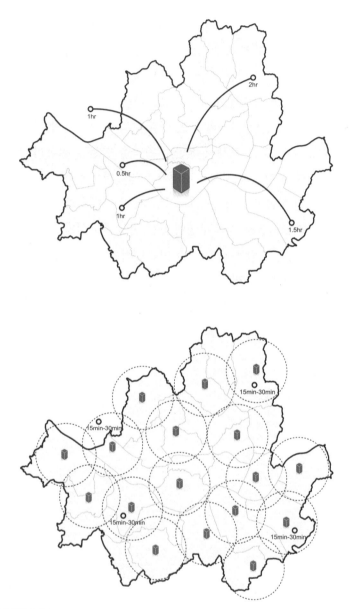

거점 위성 오피스

내 자리는 필요하다

강연을 다니다 보면 가끔 사무실 자리 배치에 대한 질문을 받는다. 텔레커뮤니케이션이 발달했기 때문에 수평적 조직 문화를 위해서 지정된 내 자리 없이 매일 다른 자리에 앉는 것이 좋다는 의견과 그래도 고정된 자기 자리는 필요하다는 의견으로 나뉜다. 현대카드사 여의도 사무실의 경우 실험적으로 한 부서를 지정해 자기 자리가 없는 '자율 좌석제'를 적용해 운영하고 있다. 이 공간을 방문한 방송 프로그램이 실시한 설문조사에서 자율 좌석제를 지지하는 사람과 반대하는 사람이 반반 정도 나왔다. 의외의 결과는 말단사원 중에서도 자율 좌석제를 불편해 하는 사람이 있었다는 점이다. 이유는 아침에 일찍 출근해서 매일 좋은 자리를 차지할 수 있는데도 그 자리에 매일 앉는 것은 눈치가 보인다는 것이다. 여기서 말하는 좋은 자리란 내 모니터를 다른 사람이 볼 수 없고 경치가 좋은 창가 자리를 말한다. 자리 배치와 인간관계는 정말 복잡한 함수다. 상사의 경우에는 자신이 젊었을 때는 대접을 못 받았다가 이제 겨우 승진해서 공간적으로 안정감을 얻을 때가 되었는데 자율 좌석제를 하면 억울하다는 경우도 있었다. 결국 공간이라는 것은 여러 가지 심리적 영향을 미치는 것임에는 분명하다.

인간이 자기 자리를 가질 때 심리적 안정감이 생기는 것은 당연한 본능이다. 새도 둥지를 만들고 곤충도 집을 짓는 것을 보면 움직이는 동물이 움직이지 않는 자기 공간을 확보하려는 것은 동물의 본능인 것 같다. 지구상의 공간은 유한하다. 내가 어느 자리를 차지할 수 있다는 것은 시간과 공간 중에서 공간을 확보하는 일이다. 우리는 시간은 지배할 수 없지만 공간은 소유함으로써 컨트롤이 가능하다. 삶이라는 것은 항상 불안하고 변화의 요소가 많다. 힘을 가진 사람들은 이 불안 요소를 줄이는 쪽으로 시스템을 구축해 간다. 내일 생길 일에 대한 불안감을 조금이라도 없애기 위해 보험을 드는 것이 한 예일 것이다. 유발 하라리 교수에 의하면 인간이 종교를 믿고 각종 규범을 만드는 것도 불안감을 해소하기 위함이라고 한다. 살면서 생겨나는 안 좋은 일은 신이 내리는 벌인데, 종교 규범을 지킴으로써 안 좋은 일이 생겨나지 않게 예방할 수 있다고 믿는 것이다. 이는 곧 나의 운명을 내가 컨트롤 할 수 있다고 믿게 만드는 것이고, 그것이 종교 규범이라는 것이다. 인간은 언제나 불안한 세상에서 안정감을 추구하는데, 불안정한 세상에서 공간을 소유함으로써 일정 부분 안정감을 확보할 수 있다. 월세보다는 전세가, 전세보다는 자가 소유가 더 안정감을 주는 것이다. 그런 면에서 사무실에 내 자리가 있는 것과 없는 것은 안정감이란 면에서 큰 차이가 있다.

인간은 안정감을 원하면서도 동시에 자유를 원한다. 그래서 싱글 때는 결혼하고 싶어 하고 결혼하면 싱글 때를 그리워하는 사람들이 있다. 사무실 자리도 마찬가지다. 가장 바람직한 사무실이란 내 자리는 있되 자유로운 공유 공간이 좋은 곳에 넓게 있는 것이다. 물론 이때 사무실의 운영비를 줄이기 위해서 적절하게 최소한의 개인 자리를 만드는 것이 관건이다. 문제는 업무의 종류가 다양하다는 점이다. 창의력이 많이 요구되는 직업이 있고, 주변 사람과 협업을 많이 해야 하는 직업이 있고, 집중력을 가지고 생산성을 높여야 하는 직업도 있다.

사무실 책상을 본인이 좋아하는 인형으로 꾸민 모습. 사무실 안 개인 공간은 안정감과 애착을 갖게 해 준다.

4장. 출근은 계속할 것인가

공용 공간이 많은 사무실

일반적으로 천장고가 높으면 창의력은 커지고, 좁은 공간에서는 집중력이 높아진다. 그래서 창의적 생각을 많이 해야 하는 철학자는 하늘을 보며 산책을 하고, 당일치기 시험 공부는 칸막이가 있는 독서실 책상의 집중 조명 불빛 아래에서 하는 것이다. 각 업종마다 회사 출근과 재택근무의 비율, 사무실 내에서는 개인 공간과 공공 공간, 창의적인 공간과 집중력을 높이는 공간의 황금비율을 찾는 것이 중요하다.

마스크가 바꾸는 인간관계

'주목 효과'라는 것이 있다. 인간이 눈으로 정보를 처리할 때 변화가 없는 정보는 지워 버리고 변화가 있는 것에만 집중하는 현상이다. 예를 들어서 호숫가 풍경 속을 새가 날아간다면 뇌는 배경이 되는 변화 없는 풍경은 지우고 움직이는 새에만 집중한다. 변화가 없이 똑같은 풍경의 정보를 1초에 수백 장씩 연산하는 것은 뇌의 낭비이기 때문이다. 마스크를 쓰면 얼굴의 절반 이상 가려지고 남는 것은 머리카락과 눈밖에 없다. 사람을 보더라도 대부분의 모습에서 변화가 없기 때문에 마치 변화가 없는 호수의 풍경처럼 기억에 남는 것이 별로 없다.

인간은 얼굴을 인식할 때 측두엽을 사용하면서 엄청난 에너지를 소비한다고 한다. 그만큼 얼굴은 인간관계를 형성하는 데 커다란 역할을 한다는 얘기다. 최근 들어 식당에서 서비스를 받아도 마스크를 쓰고 서빙 하는 사람은 이전과는 달리 존재감이 느껴지지 않는다. 마스크를 쓰면 얼굴이 사라져서 하나의 인격체로 느껴지기보다는 배경의 일부가 되어서일 것이다. 얼굴을 보고 소통하고 사회적 관계를 구축하는 방식은 지난 수십만 년간 갈고 닦은 인간이 다른 동물을 압도한 비법이다. 그런데 얼굴의 3분의 2가량이 가려진 상태에서 만들어 가는 인간관계는 기존의 인간관계보다 느슨한 연결망을 가지게 된다. 이러한 사회생활은 개인의 자유를 가져올 수도 있지만 동시에 개인의 파편화와 고립을 의미하기도 한다.

촬영하는 사람들은 마스크를 쓰고 있어서 함께 일해도 얼굴을 기억하기 어렵다.

얼마 전의 경험이다. 광고 영상을 찍기 위해서 여덟 시간 동안 촬영했다. 그 자리에는 광고 기획사 관계자, 헤어 메이크업팀, 작가, 촬영팀, 조명팀, 감독 등 15명가량의 사람들이 모여서 일했다. 코로나 때문에 출연자인 나만 마스크를 벗었고, 나머지 사람들은 모두 마스크를 쓰고 촬영에 임했다. 긴 시간 함께 일했음에도 마치고 나서 기억에 남는 얼굴이 하나도 없었다. 회의부터 촬영까지 모두 마스크를 쓰고 일했기 때문이다. 얼굴을 알기 위해서는 휴대폰 번호를 교환하고 휴대폰에 저장한 후 카톡 프로필 사진을 확인해야만 한다. 마스크 시대의 사회생활은 업무만 남고 인간은 사라지는 생활이 되기 쉽다. 기성세대들은 이미 어느 정도 사회적 관계망들이 구축된 사람들이다. 그에 비해 코로나 이후에 사회생활을 시작한 청년 세대들은 자신들만의 사회 관계망을 구축하기가 상대적으로 불리하다. 2022년 마스크를 쓰지 않는 시대가 온다고 하더라도 성장기에 2년간 마스크를 쓰고 사회생활을 경험한 젊은이들이 학교/회사와 그 안에서 배운 인간관계는 사뭇 다를 것이다.

마스크로 인한 소통의 어려움은 동양과 서양이 다르다. 동양인인 우리는 휴대폰에서 웃는 얼굴을 표현할 때 '^^'로 웃는 눈을 표기한다. 반면에 서양에서는 ':)'로 웃는 입을 표기한다. 동양은 눈으로 감정을 표현하고 서양은 입으로 감정을 표현한다. 인간의 얼굴 근육에서 의지로 조정이 불가능한 근육이 눈 주변의 근육이라고 한다. 입은 의식적으로 웃는 표정을 지을 수 있지만 눈은 가짜로 속이기 어렵다. 그래서 미인 선발 대회에서 긴장한 참가자들이 계속 웃고 있는 모습이 어색해 보일 때가 있는 것이다. 눈으로는 웃지 않는데 입으로만 웃기 때문이다. 동양이 눈을 보는 이유는, 집단 노동을 해야 하는 벼농사 지역의 사람들은 다른 사람과의 감정 조율의 필요성이 개인 노동 중심의 밀 농사 지역보다 더 컸기 때문이라고 생각된다. 벼농사 지역은 생활 공간에서 사람 간의 거리가 가깝고 감정 파악도 중요하다. 그래서 다른 사람의 감정을 더 정확하게 파악할 수 있게 가까이에서 눈 주변의 근육을 관찰하는 방식으로 발전했을 것이다.

이러한 문화적 배경 때문에 나타난 비즈니스 케이스가 있다. 일본 산리오사의 '헬로 키티'라는 고양이 캐릭터는 극동아시아에서는 어린아이들에게 인기가 많다. 그런데 이 캐릭터의 미국 진출은 실패했다. 그 이유는 헬로 키티 얼굴에 입이 없기 때문이다. 입으로 감정을 파악하는 서양인에게 입이 없는 헬로 키티는 동양인에게 눈이 없는 미키 마우스와 같다. 서양인이 동양인보다 마스크를 쓰기 싫어하는 이유도 비슷하게 파악할 수 있다. 서양 문화에서 마스크는 강도나 쓰는 것으로 인식되어 있다. 미세먼지 때문에 코와 입을 가리는 패션이 만들어진 중동 지역 사람에게 서양인이 부정적인 선입견을 갖는 것도 이런

4장. 출근은 계속할 것인가

배경이 영향을 미쳤을 것이다. 입을 가리는 것은 부정적이기 때문에 배트맨, 그린 랜턴, 조로 같은 얼굴을 가려야 하는 히어로 캐릭터들도 입을 가리는 마스크를 쓰지 않고 눈만 가리고 나온다.

전염병이 돌 때 마스크를 쓰면 입을 통한 감정 교류가 없어서 서양인은 어려워할지 모르지만, 동양인은 눈을 통해서 어느 정도 소통이 가능하기에 상대적으로 유리할 수 있다. 하지만 여러 명이 화상회의를 하면 참가자들의 얼굴은 모니터에 작게 표시된다. 나의 경우 이때 작은 사진으로는 눈의 미세한 근육의 변화가 보이지 않아서 상대방의 감정을 파악하기 어렵다. 그 점이 화상회의의 불편한 점이다. 그런데 입으로 감정을 파악하는 서양인은 모니터상의 얼굴로도 충분히 입의 변화를 알 수 있기 때문에 불편함 없이 감정 파악을 할 수 있을지도 모르겠다.

평등한 화상회의

최근 많이 하는 화상회의는 사내에서 일하는 관계에 변화를 가져왔다. 화상회의의 장점은 언제 어느 때나 쉽게 모일 수 있다는 것과 잡담 없이 필요한 말만 하고 로그아웃 하여 회의시간이 줄어든다는 점이다. 간결한 회의는 장점이기도 하지만 단점이기도 하다. 기존 회의에서는 옆자리 사람과 회의 전에 흔한 안부나 드라마에 대한 잡담을 통해 인간적 유대 관계를 쌓는다. 그런데 화상회의에는 이런 일상적인 대화가 없다. 은밀하게 둘만 얘기할 수 없고 모든 말은 회의 참석자 모두에게 똑같이 크게 들리기 때문이다. 화상회의에서는 소수의 '우리끼리'라는 공감대가 안 만들어진다. 또 다른 단점은 여러 민감한 표정이나 분위기 파악이 어려워 이야기할 타이밍을 잡기 어렵다는 점이다.

하지만 화상회의의 큰 장점도 있다. 자리 배치의 공간 구조가 만들어주는 권력이 없어지기 때문에 회의에 참여한 사람들이 평등한 상태에서 발언권이 생긴다는 점이다. 일반적으로 긴 테이블에서 좁은 쪽에 회장님이나 부서장이 앉는다. 좁은 쪽에 우두머리가 앉게 되면 나머지 사람들은 모두 그 사람이 하는 말을 경청해야 할 것 같은 압박을 받는다. 건축 공간에서는 얼마나 편하게 다른 사람을 볼 수 있느냐에 따라 권력의 위계가 결정된다. 회의 탁자의 좁은 변에 앉은 사람은 고개만 들어도 테이블 긴 변에 앉은 참석자의 옆모습을 볼 수 있다. 반면 긴 변에 앉은 사람은 좁은 변에 있는 사람을 볼 때 고개를 90도 돌려야 한다. 따라서 나를 드러내지 않고 편하게 다른 사람을 볼 수 있는 좁은 변에 앉은 사람이 권력을 더 갖는다. 화상회의를 하

여러 명이 회의 탁자에 모여서 회의하는 모습. 좁은 변과 긴 변의 위계 차이가 느껴진다.

화상회의 모습. 모니터에 회의 참가자들의 얼굴 화면이 같은 크기로 보인다. 동시에 여러 명의 정면 얼굴을 봐야 해서 피로를 호소하는 사람도 있다.

게 되면 모든 사람이 평평한 모니터에 같은 크기의 사진으로 위계 없이 동등하게 표현된다. 모두 편하게 다른 사람의 정면 얼굴을 볼 수 있다. 화상회의에서는 실제 회의장에서처럼 나만 옆모습을 노출시키는 경우는 없다. 이는 구성원들 간의 권력의 위계를 없애 주고 편안하게 발언할 수 있는 분위기로 이어질 수 있다. 그럼에도 불구하고 화상회의에서 권력의 위계를 만드는 방법이 세 가지 있다. 첫 번째는 내 모습이 보이는 비디오를 꺼 버리는 것이다. 이 행동은 나를 노출시키지 않으면서 다른 사람을 훔쳐보는 관음증을 완성시켜 준다. 하지만 이는 무례한 행동이며 직급이 낮은 사람은 하기 어렵다. 나머지 두 개의 방법은 은근하게 권력의 위계를 만드는 방법인데, 바로 배경 화면과 카메라 각도다.

슈렉 vs 라이온 킹

화상회의에서는 나의 배경화면을 다른 사진으로 설정할 수 있다. 이 때 배경화면은 나를 다르게 포장할 수 있는 방법이 된다. 휴대폰에 카메라가 장착되면서 나타난 현상은 공간을 통해서 나를 표현하는 능력이 생겼다는 점이다. 과거엔 내가 어느 곳에 있는지는 중요하지 않았다. 대신 내가 소유한 물건이 중요했다. 그런데 지금은 내가 시간을 보내는 공간에서 사진을 찍고 SNS에 올리면 명품 가방이나 옷보다 더 효과적으로 나를 표현할 수 있다. 불경기에도 분위기 좋은 카페나 비싼 펜션은 변함없이 인기 있는 이유다. 이때 사진 속에 나를 둘러싸고 있는 공간은 나를 과시하는 수단이 된다. 사람들은 자신의 생각과 철학을 드러내는 방법으로 슬로건이나 그림이 프린트된 티셔츠를 입고 다니기도 한다. 티셔츠에 프린트된 글자나 그림은 나를 표현하는 방법이다. 마찬가지로 화상회의 속 나의 배경화면은 나를 표현하는 방법이 된다. 해변 사진을 배경화면으로 하고 있는 사람과 고시원 방을 배경화면으로 하고 있는 사람은 달라 보인다. 일반적으로 한 사람의 권력은 그 사람이 누리는 공간의 체적과 비례한다. 대성당 돔 아래 서 있는 추기경과 술집 구석에 앉아 있는 아저씨가 달라 보이는 데는 배경도 한몫을 한다. 따라서 화상회의를 할 때 배경화면으로 멋지고 큰 공간을 설정하는 것이 고시원을 배경화면으로 하고 있는 것보다 나를 돋보이게 한다. 이는 곧 내가 하는 말의 권위를 높여 주는 데 도움을 줄 수도 있다. 수트를 입은 사람의 말이 반팔 티셔츠를 입은 사람이 하는 말보다 신뢰감을 더 주는 것과 마찬가지다. 그래서 신뢰를 얻어야 하는 변호사나 부동산 개발업자는 항상 수트를 고집한다.

화상회의의 수요가 늘면서 기업들이 가상 배경을 만들어 제공하고 있다. 이 사진은 미국의 한 회사가 제공하고 있는 가상 배경이다.

화상회의에서 나의 권위를 높여 주는 두 번째 방법은 카메라를 아래에 두는 것이다. 마이클 잭슨의 유명한 뮤직비디오 <비트 잇(Beat It)>은 두 조폭 집단의 대결 스토리다. 클라이맥스 장면에서 키가 작은 조폭 두목은 선글라스를 끼고 고개를 뒤로 젖히고 상대편 두목을 쳐다본다. 이 장면은 두 개의 중요한 원리를 보여 준다. 첫째, 나를 숨기고 남을 훔쳐보면 권력이 커진다는 원리다. 일종의 관음증이다. 선글라스는 나의 눈을 가리고 다른 사람을 훔쳐볼 수 있게 해 준다. 선글라스를 쓴 사람은 그렇지 않은 사람보다 시각적으로 권력의 우위

4장. 출근은 계속할 것인가

를 갖게 된다. 둘째, 내려다보는 사람이 권력을 가진다는 원리다. 건축에서 권력이 있는 사람은 모두 높은 자리에 앉아서 다른 사람을 내려다본다. 경복궁 근정전에서 왕은 계단 위 높은 자리에서 마당에 서 있는 신하를 내려다본다. 뮤직비디오에 나오는 키가 작은 두목은 상대방을 올려다보지 않으려고 고개를 뒤로 젖힌다. 그래야만 눈을 내리깔며 상대방을 볼 수 있기 때문이다. 그렇게 하면 내려다보는 시점을 만들 수 있고 이는 곧 자신이 더 강하다는 느낌을 갖게 되기 때문이다. 그래서 조폭 두목은 너나 할 것 없이 거만하게 고개를 뒤로 젖히고 부하들은 목을 빼고 고개를 숙이고 조심스럽게 올려다본다. 이런 특징은 침팬지나 고릴라 같은 다른 유인원에게도 나타나는 동물적 본능이다. 흔히 말하는 얼짱 각도는 카메라가 위에서 내 얼굴을 내려다보면서 찍는 것이다. 그래야 턱이 갸름하고 눈이 크게 나오기 때문이다. '애완동물 각도'라고 할 수 있다. 이 각도는 보호 본능을 자극하고 호감을 주는 각도이기도 하다. 만화 영화 <슈렉 2>에 나오는 장화 신은 고양이의 올려다보는 표정이 대표적이다. 반면 권력을 만드는 카메라 각도는 아래에서 위쪽으로, 보는 사람이 올려보는 듯한 각도로 찍는 것이다. 만화 영화 <라이온 킹> 각도다. 주인공 사자 '심바'는 바위 위에 올라서 있고 다른 동물들이 다 올려다보는 각도다. 보통 책상 위에 놓인 랩톱 컴퓨터에 달린 카메라로 찍으면 아래에서 위로 올려다보는 것처럼 촬영된다. 이럴 때 나의 모습은 못생겨 보이지만 다른 사람을 내려다보는 시선이 된다. 의도치 않게 권력자의 거만한 표정이 된다. 겸손하게 보이고 싶다면 책을 쌓아 놓고 그 위에 랩톱 컴퓨터를 올려놓고 화상회의 할 것을 추천한다. 장화신은 고양이가 될 것이냐 심바가 될 것이냐는 카메라 앵글로 선택하면 된다.

<슈렉 2>의 장화 신은 고양이가 올려다보는 모습

턱을 들고 아래로 내려다보는 듯한 각도를 한 가운데 사람은 거만한 느낌을 준다.

4장. 출근은 계속할 것인가

대형 조직의 관리와 기업 철학

사무 공간은 규모에 의해서 네 종류로 나누어질 수 있다. 첫째는 대기업 사옥같이 거대한 조직이 한 개의 큰 건물에서 일하는 것, 둘째는 거대한 조직이 여러 개의 거점 사무실을 두고 일하는 것, 세 번째는 소규모 조직이 한 개의 작은 건물에서 일하는 것, 네 번째는 완전히 개인별로 일하는 재택근무다. 내가 운영하는 소규모 설계사무소 같은 경우에는 재택근무를 하기는 어려웠고 대신에 유연한 출퇴근 시간제를 만들어서 러시아워를 피해 출퇴근하게 만들었다. 그런데 1천 명이 넘는 거대한 조직은 코로나에 취약하기 때문에 여러 개의 작은 조직으로 나누는 것이 좋다. 하지만 누구나 오가는 일반적인 공유 오피스에서 일하는 것은 보안상의 문제가 생길 수 있다. 따라서 같은 그룹 내 사원들끼리 여러 개의 거점 오피스에 나누어서 일하는 것이 대안이 될 수 있다. 그런데 대형 조직의 경우에 여러 개의 오피스로 나누어지면 앞서 살펴본 종교 시설의 경우와 마찬가지로 공동체 의식이 와해되는 경우가 발생한다. 공간적으로는 떨어져 있으면서도 공동체 의식을 고양하는 방법은 무엇이 있을까?

2020년 리그오브레전드(LOL)의 e-스포츠 리그를 보면서 이 문제를 생각해 보자. LOL은 5명이 한 팀을 이루어서 5 대 5로 전투하는 온라인 게임이다. 5명의 팀원들은 각자의 PC를 가지고 자신이 선택한 캐릭터로 팀을 이루어서 전투를 하는데, 팀이 승리하기 위해서는 5명의 팀원들이 하나의 전략을 가지고 빠르게 움직여야 한다. LOL의 한국 팀 중에 '담원'이 있다. 이 팀은 2020년 여름까지만 하더라도 존재감이 별로 없던 팀이었는데, 여름 이후 갑작스럽게 전 세계에서 가장 압도적인 팀이 되었고 결국 국제대회 롤드컵에서 우승했다. 그 이유는 팀워크가 좋아진 데 기인한다. LOL에서는 상대방이 공격해 왔을 때 5명의 팀원이 한 개의 전략으로 대응해야 한다. 그런데 게임의 특성상 채팅이나 대화로 작전을 상의할 시간이 없다. 거의 무의식적으로 대응해야 한다. 담원은 경기할 때 의사 결정이 빠르고 팀원들 간에 특별한 상의 없이도 같은 전략적 반응을 보인다. 우리는 흔히 이를 팀워크라고 말하는데 어떻게 그게 가능할 수 있을까?

재즈를 보면 피아노, 더블베이스, 드럼, 색소폰이 각기 다른 음색의 악기를 가지고 연주한다. 이러한 연주를 '긱Gig'이라고 하는데 특별한 악보 없이 즉흥적으로 연주한다. 이들이 함께 연주를 하는 원리에 대해 뇌과학자 장동선 박사는 사석에서 이렇게 설명했다. 한 연주자의 음악을 듣고 그 소리에 맞추어서 화음을 넣으면 이미 시간적으로 늦어서 우리가 듣는 조화로운 합주가 이루어지지 않는다고 한다. 각각의 연주자들은 다음에 나올 화음을 예측해서 연주해야만 화음을 이루면서 하나의 아름다운 연주를 완성할 수 있는데, 이것이 가능한 것은 여러 연주자의 뇌들이 상호 동조가 되어서 동시에 반응하기 때문에 가능하다는 것이다. 뇌파가 공조를 이루는 것과 같다고 볼 수 있다. 조화로운 재즈 팀은 한 개의 음에 다른 연주자들이 같은 느낌을 받고 같은 종류의 반응을 결정하기 때문에 조화로운 협주가 나오는 것이다. 한마디로 한마음이 되어야 제대로 된 재즈 공연이 가능하다는 말이다.

향후 점점 더 한 공간에서 함께 일하는 시간이 줄어들 것이다. 이렇게 멀리 떨어져서 일을 하다 보면 한 프로젝트에서 서로 다른 방향의 의사 결정을 해서 일의 효율을 떨어뜨리기 쉽다. 마치 LOL게임에서 5명의 팀원이 각기 다른 전략을 가지고 반응하는 것과 같다. 그렇게 되면 목표를 효율적으로 달성하기 어렵다. 그렇다면 어떻게 각기 떨어져 있는 팀원들의 뇌를 공조시켜서 재즈 연주 같은 민첩하면서도 완성도 있는 화음을 만들 수 있을까?

팀원들의 마음을 모으기 위해서는 조직 내 구성원의 의사 결정의 방향을 잡아 줄 '철학'이 필요하다. 다른 말로 비전이라고 할 수도 있겠다. 예를 들어서 애플 같은 회사는 누가 보아도 혁신적인 제품을 만들어서 새로운 미래를 창조해 가는 기업이라는 철학이 느껴진다. 그러한 철학이 있기에 수만 명이 되는 직원이 와해되지 않고 하나의 회사로 굴러 가는 것이다. 삼성이나 LG는 제품을 세련되고 효율적으로 만들지만 세상에 없던 혁신적인 제품을 만들어 본 경험은 적다. 효율성만 강조하는 대부분의 기업들은 강한 기업 철학이 없으니 많은 수의 사원을 하나의 마음으로 만들기 위해서 유니폼 같은 동일한 복장을 하고, 회사 로고 배지를 달고, 같은 공간에 같은 시간에 모여서 일하는 방법에 의존할 수밖에 없다. 몇 년 전만 해도 H건설 사옥에 가면 모든 직원이 같은 시간에 거대한 사옥으로 출근을 했다. 옷차림도 거의 비슷한 짙은 색상의 양복이 대부분이었다. 한눈에 보아도 그곳 직원이라는 것을 알 수 있는 드레스 코드였다. 우리나라 대기업은 그러한 통일성으로 거대 조직을 유지시켜 왔다. 통일성은 획일화의 다른 말이다. 이러한 문화 때문에 창조적인 사고가 더 어려워지는 것이다. 포스트 코로나 시대에 접어들어 거대 사옥도 사라지고 같은 시공간을 나누는 출근 문화도 없어진다면 회사는 거대한 프리랜서의 집단과 같아질 것이다. 이러한 흩어진 개인들을 묶을 수 있는 방법은 기업 철학밖에 남지 않는다. 재택근무의 비중이 늘어날수록 기업 철학이 없는 기업은 생존이 어려워질 것이다.

5장.

전염병은
도시를
해체시킬까

전염병과 도시의 역사

코로나 사태를 겪으면서 가장 많이 받는 질문 중 하나는 '코로나로 인해서 도시가 해체될 것인가?'였다. 집값이 너무 비싼 지금 도시에 집을 사야 하나 외곽으로 이사를 가도 되나 궁금해서였을 것이다. 나는 경제 전문가도 부동산 전문가도 아니니 집값에 대해서는 확답을 주기 어렵다. 다만 도시가 해체될 것인가라는 질문에 대한 나의 대답은 '해체되지 않는다'이다. 별다른 이유는 없다. 그냥 인류 역사를 보면 그렇다. 5천 년이 넘는 인류 문명과 도시의 역사를 보면 전염병이 없었던 시기가 없었고 가끔은 심각한 전염병으로 도시가 사라지기도 했다. 하지만 인간은 다시 모였고 도시의 규모는 계속 커져 왔다. 기원전 3500년에 인구 5천 명 규모의 최초 도시 메소포타미아의 우루크부터 현재의 인구 천만 명이 넘는 도시가 만들어지기까지 꾸준하게 성장했고 지금은 전 세계 인구의 절반 이상이 도시에 살고 있다.

도시는 계속 전염병과 싸워 왔다. 도시와 전염병의 상관관계를 알아보자. 전작들에서 언급됐던 내용이지만 필요하니 다시 한번 정리해 보겠다. MIT(매사추세츠공과대학교) 기계공학과 컬런 뷰이Cullen Buie 교수의 연구에 의하면 빗방울이 땅에 떨어지면 발포 현상이 일어나면서 땅에 있던 바이러스는 미세한 입자가 혼합된 에어로졸의 형태로 공기 속에 포함되어 옆으로 이동이 쉽다는 연구 결과를 얻었다. 최근 뷰이 교수와 숙명여대 기계공학과 정영수 교수의 공동 연구에 의하면 바이러스는 공기 중 미세한 수분 속에서 생존하게 되고 이 에어로졸은 감염병의 위험을 증가시킨다는 것이다.

이 연구에 근거해서 다음과 같은 추론을 할 수 있다. 건조한 기후에서는 비도 내리지 않고 공기 중에 수분이 부족하기 때문에 바이러스의 생존이 어렵고 전파도 잘 되지 않는다. 따라서 건조한 기후대는 전염병에 가장 강한 조건이 된다. 그렇기 때문에 최초의 도시는 건조 기후대에서 만들어졌다. 최초의 도시는 메소포타미아 지역 티그리스강과 유프라테스강 하류에 만들어진 우루크다. 이후 주변에 각종 도시들이 만들어졌고, 5백 년 정도 지나서 서쪽의 또 다른 건조 기후대인 이집트에서 도시 문명이 발생했다. 도시가 형성되려면 두 가지 조건이 만족되어야 한다. 전염병이 없어야 하고 물이 풍부해야 한다. 전염병이 있으면 모여 살 수가 없고, 물이 없어도 사람이 살 수 없기 때문이다. 따라서 도시가 만들어지기 좋은 조건은 건조한 기후대에 물이 풍부한 곳이다. 그 두 개의 조건을 만족시켜 주는 곳이 메소포타미아와 이집트다. 이 두 지역은 건조 기후대면서도 동시에 강이 남북 방향으로 흐르는 조건을 가지고 있다. 따라서 강의 상류에는 비가 많이 내리고 그 물이 하류에 위치한 건조 기후대로 오면 도시가 형성될 환경적 조건이 만들어지는 것이다.

그런 지리적 조건이 도시를 만들었고, 도시를 이루게 되면 사람들 간의 다양한 관계가 형성되고, 그것은 곧 기회가 되어 여러 가지 경쟁력을 가지고 문명을 발전시킬 수 있게 된다. 그렇게 시작된 도시는 마치 도시 자체가 하나의 생명체인 것처럼 전염병과 싸우면서 규모를 키워 나갔다. 인간이 도시를 키우기 위해서 각종 도시 유지 시스템을 만들어 물을 공급하고 전염병을 막았기 때문이다. 대표적 도시는 약 2천 년 전 아우구스투스 황제 시절의 로마다. 로마는 아퀴덕트(수도교水道橋)를 이용한 상수도 시스템을 만들었고 이때 로마의 인구는 백만 명이 넘게 된다. 지금은 인구 천만 명이 넘는 도시가 전 세계적으로 28개 있다. 도시의 규모는 왜 계속 커져 왔을까?

로마의 상수도 시스템 아퀴덕트. 인구가 늘어남에 따라 물 사용량도 늘어나 물을 공급하기 위해 세운 다리 형태의 수로다.

얀 겔의 실험

덴마크 건축가 얀 겔은 벤치를 가지고 재미난 실험을 했다. 꽃밭을 향해서 배치되어 꽃을 볼 수 있는 벤치와 거리를 향해 배치되어 걸어다니는 사람을 구경할 수 있는 벤치 중 어느 쪽 벤치에 더 많은 사람이 앉는지 알아보는 실험이었다. 결과적으로는 사람을 구경할 수 있는 벤치에 10배 더 많은 사람이 앉았다. 물론 이 실험에서 꽃과 사람 이외에 다른 요소가 10배라는 차이를 만들었는지도 모른다. 어떤 꽃밭이었느냐, 어떤 사람이었느냐, 그날의 날씨는 어땠느냐 등이 영향을 미칠 수 있다. 하지만 이 실험을 통해서 크게 보아 사람은 그냥 자연만 보는 것보다는 다른 사람에게 더 끌린다는 점을 알 수 있다. 이는 인간이 다른 인간과 있을 때 안정감을 느끼는 사피엔스만의 본능 때문일 것이다. 그런 성향 때문에 지금도 매년 트렌드가 무엇인지 파악하려고 노력하고, 옷을 입을 때에도 유행을 따라 하려 하고, 천만 명이 넘은 영화는 봐야 한다고 생각한다. 내가 대중의 흐름에서 이탈될 경우 불안감을 느끼기 때문이다. 이러한 본능은 도시 공간에서도 나타난다. 최근 핫플레이스라고 하면 한번은 가 봐야 할 것 같은 느낌이 들고, 다른 사람들이 모이는 곳에는 더 가 보고 싶은 본능이 있다. 더 큰 집단에 포함되려는 사람의 심리가 더 큰 도시로 사람이 모이게 만든다. 이러한 본능 이외에도 도시로 사람들이 모여들고 도시가 커지는 실질적인 이유가 있다.

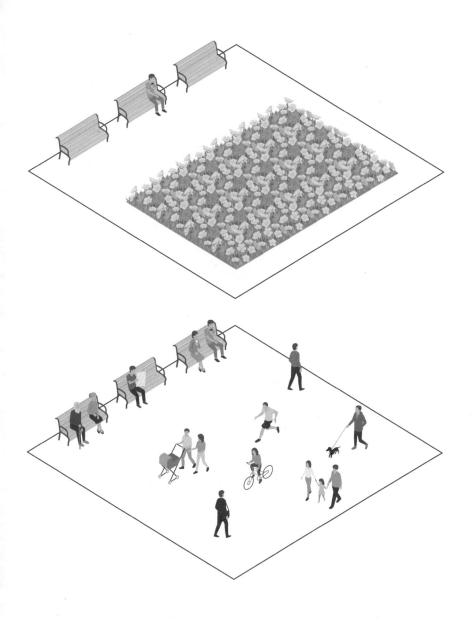

날씨나 주변 환경에 따라 달라질 수 있지만, 사람들은 대체로 움직이지 않는 꽃보다
움직이는 사람을 구경할 수 있는 장소를 선호한다.

5장. 전염병은 도시를 해체시킬까

인구 2배, 경쟁력 2.15배

인간의 뇌에는 1000억 개의 (신경세포인) 뉴런과 뉴런 사이를 연결하는 시냅스가 100조 개 있다. 인간의 지능이 높은 이유는 시냅스의 총량이 크기 때문이다. 이 원리는 컴퓨터에서도 찾을 수 있다. 개인 컴퓨터(PC) 한 대의 연산 능력은 그렇게 크지 않다. 이 PC를 직렬로 연결하면 같은 성능을 가진다. 그런데 PC를 병렬로 연결하면 슈퍼컴퓨터의 연산 능력을 갖게 된다. 이것이 병렬 네트워크의 힘이다. 인간의 뇌를 병렬로 연결하는 방식은 케이블이 아닌 언어다. 그리고 문자는 다른 시간대 다른 공간에 있는 사람과도 연결시켜 준다. 21세기의 우리가 플라톤의 책을 읽는다면 우리의 뇌는 2400년 전 그리스의 한 철학자의 뇌와 병렬로 연결되는 것이다. 그리고 그 과정을 통해서 뇌끼리의 시너지 효과가 생겨난다.

공간적으로 인간의 뇌끼리의 연결 시냅스를 늘리는 방법은 도시를 만드는 것이다. 주로 과거의 도시들은 외부의 침입을 막기 위해서 성벽을 쌓고 그 안에서 생활했다. 이럴 경우 성의 반지름이 크면 쌓는 데 힘들기 때문에 최소한으로 쌓고 성안의 좁은 공간에 많은 사람이 모여 살게 된다. 그래서 성곽이 있는 도시국가들은 건물들이 고층으로 만들어진다. 2000년 전 로마에 지어진 '인술라'라는 주상복합 아파트가 있었다. 이 건물이 계속 높아져서 붕괴의 위험이 있자, 아우구스투스 황제는 최대 높이를 20미터, 요즘으로 치면 7층 높이로 제한하는 법규를 만들기도 했다. 이렇게 밀도가 높은 도시 공간에서는 주변에 사람이 많기 때문에 다양한 상거래가 이루어지고 대화를 통해서 창의적인 생각들도 만들어지게 된다. 우리는 그것을 도시 생활

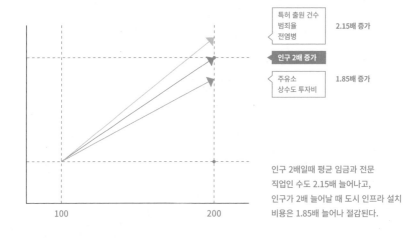

특허 출원 건수
범죄율   2.15배 증가
전염병

인구 2배 증가

주유소   1.85배 증가
상수도 투자비

인구 2배일때 평균 임금과 전문
직업인 수도 2.15배 늘어나고,
인구가 2배 늘어날 때 도시 인프라 설치
비용은 1.85배 늘어나 절감된다.

100   200

이라고 한다. 인류의 많은 창의적 생각과 물건들은 모두 도시에서 생활하던 사람들에 의해서 발명되고 만들어졌다. 제프리 웨스트의 저서 『스케일』에 따르면 인구가 2배 늘어나면 특허 출원 건수가 2.15배로 뛴다고 한다. 인구의 규모가 커질수록 도시가 더욱 창의적으로 되어 간다는 것이다. 이 밖에도 평균 임금, 전문 직업인 수도 인구가 2배가 늘어날 때 2.15배가 늘어난다. 반면 에너지 절약적인 면에서는 절감이 된다. 미국, 일본, 독일 도시의 경우 인구가 2배 늘어날 때 주유소는 1.85배만 늘어났다고 한다. 결과적으로 도시의 규모가 늘어나면 도시 인프라 초기 투자 비용은 7.5퍼센트 줄어들고 창의성은 7.5퍼센트 증가한다. 더 큰 도시가 될수록 경쟁력이 생긴다는 연구 결과다. 그런데 문제가 있다.

도시의 규모가 2배 커지면 범죄율과 전염병의 전파도 2.15배 증가된다는 문제가 생긴다. 역사를 보면 도시의 규모가 커질수록 전염병의 문제는 대두되었고 전염병에 잘 대처하기 위해서 여러 가지 방법을 개발했다. 전염병을 제어할 수 있는 도시 시스템을 만든 국가는 당대 최대 규모의 도시를 구축했고, 그 도시를 통해 시대를 선도했다. 전염병을 막기 위해서 기원전 7세기경 도시 바빌론은 하수도를 건설했다. 로마는 하수도와 더불어서 깨끗한 물 공급을 위해서 아퀴덕트를 건축했다. 파리는 1370년부터 하수도 공사를 시작해서 1855년 나폴레옹 3세의 지시로 새로운 도로망 구축과 함께 대규모 지하 하수도 시스템을 정비했다. 1798년 에드워드 제너Edward Jenner가 천연두 백신 개발 논문을 발표하고, 루이 파스퇴르Louis Pasteur가 저온 살균법(1864)과 광견병, 닭, 콜레라 백신(1880년대)을 개발한 이후로 인류는 바이오테크놀러지를 통해서도 전염병에 대응할 수 있게 되었다. 과거에는 전염병에 걸리면 도시 외곽으로 격리시키는 방법밖에 없었지만, 병의 원인을 파악한 다음에는 병원이라는 건축 시설을 도시 안에 적극 배치하고 도시의 인구를 유지하는 방식을 개발해 냈다. 각종 도시 위생 시스템과 바이오테크놀러지는 도시의 규모를 1000만 명으로 키울 수 있게 해 주었다. 전염병과 도시의 진화는 코로나19가 발병한 21세기에도 그대로 적용되는 원리다. 21세기 코로나 전염병에 잘 대처해서 고밀한 대규모의 도시를 만들 수 있다면 그 도시를 가진 나라는 세계를 리드할 것이다.

시냅스 총량 증가의 법칙

20세기 들어서 뉴욕은 전 세계에서 가장 밀도가 높은 도시 공간을 구축했다. 그 배경에는 새로운 건축 기술의 도입이 큰 역할을 했다. 유럽의 도시들은 산업혁명 이후인 19세기 말 이미 어느 정도 도시로의 인구 이동이 이루어진 상태였다. 도시 간에는 기차가 놓였고, 근교에서 기차를 타고 출퇴근하는 사람도 생겼다. 상대적으로 신흥국이자 후발주자였던 미국의 뉴욕은 선배격인 유럽의 도시들보다 더 높은 밀도를 가진 효율적인 도시 공간 구조를 가질 필요가 있었다. 다행히 후발주자인 뉴욕은 다른 유럽의 도시와는 달리 엘리베이터가 발명된 이후에 성장한 도시다. 뉴욕은 엘리베이터, 철골 구조, 철근 콘크리트라는 신기술을 이용해서 고층 건물을 지었다. 유럽의 다른 도시들이 7층 정도 높이의 건물로 구성되어 있을 때 뉴욕은 30층짜리 건물로 4배 이상 고밀화된 도시 공간을 만들었다. 밀도가 4배가 되면 같은 시간에 한 사람이 만날 수 있는 사람의 숫자도 4배로 늘어난다. 이는 도시 경쟁력으로 이어졌다. 미국이 세계를 리드할 수 있었던 배경에는 세계에서 가장 밀도가 높은 뉴욕이라는 도시가 있었기 때문이다.

뉴욕은 고밀화된 도시 공간뿐 아니라 전화기라는 통신망을 깔아서 사람 간 소통할 수 있는 관계의 시냅스를 획기적으로 늘렸다. 하루 동안 만나고 교류할 수 있는 사람의 숫자를 비교해 보면 뉴욕에 사는 사람은 유럽 도시에 사는 사람보다 열 배 이상 많은 숫자의 사람과 교류할 수 있었을 것이다. 고밀도의 도시 공간과 전화 통신망 덕분이다.

20세기 백 년 동안은 전 세계 신흥 도시가 뉴욕처럼 고층 건물을 짓고 전화 통신망을 까는 일을 답습했다. 백 년 가까이 기술적인 발전이 없다가 1990년대 들어서 도시의 시냅스를 늘릴 수 있는 획기적 기술이 개발됐다. 바로 인터넷이다. 과거 인류의 기술은 수천 년간 물리적인 좁은 공간 안에 더 많은 사람이 살게 하려는 데 초점이 맞춰져 있었다. 하지만 그 한계에 봉착하자 인류는 인터넷이라는 새로운 방식으로 가상의 공간을 만들고 그렇게 만들어진 인터넷 공간 속에서 사람 간의 관계를 연결하는 방법을 찾았다. 인터넷 빅뱅을 통해 만들어 낸 시냅스의 팽창이다. 현대의 도시는 오프라인 공간에서 만나는 시냅스의 총량과 온라인 공간에서 만나는 시냅스의 총량을 합쳐서 이해해야 한다. 서울은 오프라인 공간의 밀도 측면에서 보면 20세기 초반 뉴욕보다도 낮은 수준이지만 인터넷 공간을 포함시키는 순간 백 년 전 뉴욕을 압도한다. 이렇게 인류는 꾸준하게 도시의 규모를 키우고 기술을 발전시키면서 사람들 간 관계의 시냅스를 늘려 나갔는데, 나는 이를 '시냅스 총량 증가의 법칙'이라고 부른다. 흑사병이나 콜레라 같은 전염병이 돌았을 때 일시적으로 도시의 규모가 줄거나 해체된 적은 있지만 결국에는 다시 모여 살았고 도시는 계속 성장해 왔다. 혹자는 이런 질문을 할 것이다. "과거에는 오프라인 공간밖에 없었기 때문에 모여서 살아야 했지만, 텔레커뮤니케이션이 발달한 지금은 도시를 떠나서 전염병의 위험이 적은 시골에 살지 않겠는가?"라고.

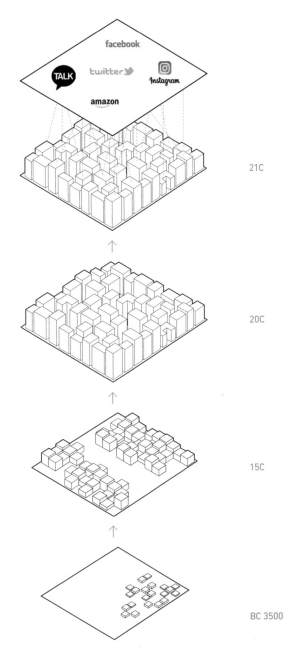

facebook

TALK

twitter

Instagram

amazon

21C

20C

15C

BC 3500

문명이 발달할수록
시냅스 총량이 증가된다.

두 마리 토끼를 잡으려는 인간

그 질문에 대한 나의 답은 '아니다'이다. 이유는 간단하다. 인간은 화상 통화가 된다고 하더라도 손을 잡는 데이트를 포기하지는 않기 때문이다. 인간은 온라인 기회와 오프라인 기회가 있다면 둘 중 하나를 택하는 대신 두 가지 기회를 모두 가지려고 할 것이다. 최근에 코로나 사태가 생겼을 때 목숨이 위태로운데도 불구하고 젊은이들이 이태원 클럽에 가서 빈축을 산 일이 있었다. 젊은이들은 친구와 이성을 만나기 위해서 모여야 한다. 텔레커뮤니케이션이 발달하게 되면 시골에 가서 재택근무하면서 살 것이라고 말하는 전문가들은 거의 결혼해서 아이를 낳은 나이 드신 분들이다. 그분들은 자신들이 혈기왕성하던 젊은 시절을 벌써 잊은 거다. 짝짓기에 대한 본능이 남아 있는 젊은이들은 모일 것이다. 혹자는 스마트폰 데이트앱이 발달하면 클럽에 안 가도 되지 않겠냐고 말할 것이다. 내 생각에는 데이트앱이 아무리 발달해도 젊은이들은 이태원 클럽에 가서 놀면서 동시에 그곳에 없는 홍대 클럽에 있는 사람들을 데이트앱으로 확인할 것이다. 만약에 마음에 드는 이성이 있다고 치자. 그 이성의 마음을 얻기 위해 A라는 사람은 문자와 화상 통화를 열심히 하고, B라는 사람은 문자와 화상 통화를 하고, 꽃을 들고 문 앞에 가서 기다린다면 누가 이성의 마음을 얻을 수 있을까? 정답은 물론 잘생긴 사람일 거라고 우스갯소리로 말할 수 있다. 하지만 같은 조건이라면 B가 이성의 마음을 얻을 확률이 높다. 두 가지 방식을 다 사용하는 사람이 더 경쟁력이 있기 때문이다. 사람은 경쟁력을 높이기 위해서 온라인 방식과 오프라인 방식 둘 다 가지려 할 것이다. 그래서 대표적인 온라인 기업인 아마존닷컴도 오프라인 슈퍼마켓 체인점인 '홀 푸드 마켓'을 사고 '아마존 고'라는 오프라인 가게를 시작한 것이다.

일자리 구성 때문에 대도시로 인구가 집중될 가능성도 있다. 우리나라 일자리의 55퍼센트는 사무직이다. 이들 중 재택근무가 가능한 일자리들은 자신의 업무를 디지털화할 수 있는 일자리다. 이런 업무의 디지털화가 가능한 일자리는 향후 인공지능이 발달할수록 인공지능으로 대체될 가능성이 높다. 향후 재택근무 가능한 일자리는 줄어들고 대신 인간이 인간에게 서비스하는 일자리가 살아남거나 늘어날 것이다. 간호, 미용, 아기 돌보기, 고급 레스토랑 서빙 같은 서비스업은 아직 로봇으로 대체되기 어렵기 때문이다. 그렇다면 다른 사람에게 서비스하는 일자리는 어디에 있을까? 사람이 많은 곳에 있다. 도시에 더 많은 일자리의 기회가 있다는 말이다. 따라서 텔레커뮤니케이션 기술이 발달하고 자율 주행 자동차가 나오면 부자들은 교외로 나갈 수 있는 선택을 할 수 있지만 일자리를 찾는 사람들은 오히려 더 도시로 모여들 것이다. 일을 안 해도 되는 부자들은 교외에서 살까? 이들은 누군가에게 서빙을 받고 싶어 하고 여러 가지 문화 시설을 누리고 싶어 하는 사람들이다. 교외에 엄청난 저택과 많은 일꾼을 고용하고 있는 정도의 사람이 아니라면 아마 경제적으로 여유가 있는 사람들은 도시에 살고 가끔씩 교외로 나가는 삶의 형식을 취할 것이다. 따라서 향후 도시는 인구와 밀도가 성장하면서도 전염병에 강한 도시 공간 구조를 만드는 것이 중요하다. 그렇다면 어떤 공간 구조가 되어야 할까? 여러 가지가 있는데 그중에서도 공원의 분포가 중요하다. 포스트 코로나 시대에는 비대면 소비가 늘어난다. 다른 사람을 만날 수 있는 기회가 SNS상에서만 있다는 이야기다. SNS 공간에서는 끼리끼리의 소통만 늘어나기 때문에 사회의 갈등이 심화될 수 있다. 결국 다른 계층의 사람들이 섞여서 하나의 공동체를 이루어야 하는 소셜믹스를 할 수 있는 곳은 오프라인 공간에서 공원이 담당해야 할 몫이다. 그렇다면 포스트 코로나 시대에 도시 속 공원은 어떤 역할을 해야 하며 어떻게 디자인되어야 하는지 살펴보자.

6장.

지상에
공원을
만들어 줄
자율 주행
지하 물류 터널

공통의 추억

사람이 모여 살면 갈등이 생길 수밖에 없다. 그 문제를 해결하는 방법은 두 가지다. 하나는 소프트웨어적인 방법, 다른 하나는 하드웨어적인 방법이다. 소프트웨어적인 방법은 각종 세금 정책과 행정 정책들이고, 하드웨어적인 방법은 공간 구조를 바꾸는 것이다. 우리나라 계층 간 갈등의 일정 부분은 잘못 디자인된 공간 구조 때문이다. 현관문을 열고 나오면 만나는 모든 공간이 인도나 차도 같은 이동하는 공간이다. 걸어서 갈 만한 거리에 공원도 없고 길거리에 벤치도 거의 없다. 앉으려면 커피숍에 돈을 내고 들어가야 한다. 그래서 서울은 전세계에서 단위 면적당 커피숍 숫자가 제일 많은 도시다. 문제는 여기서부터 생긴다. 돈이 많은 사람은 5,000원을 내고 스타벅스에 들어가고 적은 사람은 1,500원을 내고 빽다방에 간다. 이 도시에는 돈이 많은 사람과 적은 사람이 한 공간에 있을 가능성이 거의 없다. 같은 도시에 20년을 살아도 공통의 추억을 가질 가능성이 적다.

　뉴욕 같은 경우에는 걸어서 10분 거리에 공원이 있고, 이쪽에서 저쪽 공원으로 걸어서 평균 13분 정도면 갈 수 있다. 벤치는 브로드웨이 950미터 구간에 170개가 있는 반면 서울 신사동 가로수길에는 같은 길이의 거리에 벤치가 3개뿐이다. 서울에는 30분 정도는 걸어야 공원에 다다를 수 있고, 공원과 공원의 거리가 한 시간 정도다. 편하게 걸어서 갈 수 있는 공원이 별로 없고, 멀리 있는 남산과 청계산 같은 공원은 기울어진 땅이라 앉아서 쉬기 불편하다. 뉴욕에서는 경제적 배경과 상관없이 평평한 센트럴 파크에 누울 수 있고, 공원을 산책하고, 벤치에 앉아서 샌드위치를 먹고, 브라이언트 파크에서는 토요일 여름밤에 영화를 공짜로 볼 수 있다. 이런 도시에서는 부자나 가난한 사람이나 공통의 추억이 만들어진다. 나는 해외에 나가면 일본인들과 쉽게 친해진다. 친일파라서 그런 게 아니다. 일본인들과는 <마징가 Z>, 『드래곤 볼』, 『슬램덩크』 같은 나눌 이야깃거리가 있어서다. 공통의 추억을 가지면 서로를 이해할 가능성이 높아진다. 도시에는 공통의 추억을 만들어 주는 '공짜로 머물 수 있는 공간'이 필요하다.

뉴욕 타임스퀘어 거리(위)와 서울 신사동 가로수길. 가로수길은 벤치를 찾기 힘들지만 타임스퀘어는 벤치가 서울보다 많고 이용하는 사람도 더 많다.

6장. 지상에 공원을 만들어 줄 자율 주행 지하 물류 터널

소셜 믹스와 재건축

우리는 소셜 믹스를 위해서 재건축할 때 같은 단지 내에 분양 아파트 옆에 임대 아파트를 넣었다. 몇 년이 지났더니 아파트 소유자들은 임대 주택 주민들과 엘리베이터도 공유하기 싫어하고 자녀들을 같은 학교에 보내기도 싫어하는 현상이 생겼다. 좋은 의도의 정책이 왜 실패했을까? 이유는 간단하다. 인간이 기본적으로 이기적이고 선하지 않은 부분을 가지고 있기 때문이다. 공산주의가 실패한 이유도 마찬가지다. 공산주의는 인간을 너무 착하게 봐서 실패했다. 인간은 결코 부와 권력을 공평하게 나누고 싶어 하지 않는다. 역사를 보면 공평한 분배를 주장하던 자들이 나중에 오히려 독재자가 되는 경우가 많았다.

인간이 이렇게 이기적이기 때문에 소셜 믹스는 상대방의 배경이 어떤지 모르는 '익명성' 상태에서 이루어져야 한다. 도시 공간 속에서 익명성의 소셜 믹스를 가능하게 해 주는 장소가 공원, 벤치, 도서관이다. 이런 공짜로 머물 수 있는 공간에서 공통의 추억을 만들면 소셜 믹스가 된다. 우리나라 역사상 가장 긍정적인 소셜 믹스가 일어난 곳은 2002년 월드컵 때 시청 앞 광장이었다. 우리는 그곳에서 정치 성향, 소득 수준, 교육 수준, 성별, 나이, 종교적 배경과 상관없이 하나의 공통된 추억을 만들었다. 그런 공간이 필요하다. 지금 시대에도 광화문 광장에 많은 사람이 모인 적이 있지만, 같은 정치적 이념을 가진 사람들끼리만 모였던 추억이다. 그런 모임은 사회 전체를 통합하지 못하고 오히려 분열시킨다. 투쟁을 위한 모임이 아니라 즐기기 위한 모임의 공간이 필요하다. 최근에는 한강공원이 그 역할을 하고 있다.

다양한 사람들에게 공통의 추억을 만들어 주는 한강공원

그런 공원은 크기보다 '분포'가 중요하다. 공원과 도서관은 어디서든 걸어서 10분 이내에 있어야 한다. 공원과 도서관들을 연결하는 길에는 벤치가 있어야 한다. 그렇게 해서 오랜 시간에 걸쳐 공통의 추억이 만들어지게 해야 한다. 그렇다면 어디서 그런 땅을 찾을까? 재건축할 때 만들면 된다. 문제는 재건축이 이루어지지 않고 있다는 것이다. 왜냐하면 지금의 정책은 개발업자와 타협이 되지 않기 때문이다. 층수 제한, 분양가 상한제, 각종 심의 등으로 이익은 줄고 각종 법규 때문에 디자인의 자유도 부족하다. 대부분의 재건축 프로젝트는 정권이 바뀌기를 기다리고 있다. 상황이 이러니 정부는 신도시를 만들 수밖에 없다. 문제는 도시화가 완성된 우리나라에서 신도시를 만들면 이웃 도시에서 신도시로 이사 가는 일만 생긴다는 것이다. 세종시는 서울 수도권의 인구를 분산시키려는 목적에서 만들었지만 정작 사람들은 SRT를 타고 37분이면 갈 수 있는 세종시로 통근을 선택하고 이사를 가지 않았다. 대신 대전의 주민들이 세종시로 이사를 갔다. 세종시 인구의 25퍼센트는 대전에서 이사 간 사람들이다. 송도를 만들면 인천에서 이사 간다. 진주 혁신도시를 만들면 진주 구도심에서 이사 간다. 그리고 구도심은 슬럼화 된다. 버려진 구도심의 인프라는 천문학적 재산 손실이다. 이런 악순환의 고리를 끊으려면 새로운 도시 재정비 촉진 정책이 필요하다.

도시 재생과 재건축은 바둑과 같다. 바둑은 몇 수 앞을 내다보고 어디에 돌을 두느냐가 승부를 결정한다. 지금의 재건축 정책은 상대편인 개발업자에게 아예 바둑돌을 안 두게 만들고 있다. 누군가를 판단하고 가르치려고만 하면 대화나 게임 자체가 시작이 안 된다. 검은 돌을 쥔 개발업자가 돌을 두는 것을 두려워 할 필요는 없다. 내가 쥔 흰 돌을 어디에 먼저 두느냐가 중요하다. 바둑의 고수는 중요한 적재적소에 정확한 순서대로 돌을 둔다. 그게 바둑에서 승리하는 법칙이다. 개발업자가 이익을 위해서 펜트하우스를 100억에 팔게 해 주고, 대신 우리는 1층에 시민들이 누구나 사용할 수 있는 100평짜리 작은 공원(pocket park)을 가지면 된다. 그리고 펜트하우스를 열 채 팔고 그 돈으로 1층에 시민들이 사용할 수 있는 1,000평짜리 도서관을 만들면 된다. 이를 촉진하기 위해 필요하면 부동산 가격 책정 방식이나 건축 법규를 바꿀 필요도 있다. 가장 좋은 시스템은 인간의 이기심을 이용해 좋은 세상을 만드는 시스템이다. 20세기 후반에 문제가 많았던 자본주의가 사회주의와의 경쟁에서 이겼던 이유는 자본주의는 인간의 이기심을 이용하는 시스템이라서 사람들의 능력을 최대치로 끌어냈기 때문이다. 우리 사회에 소셜 믹스가 일어나고 서로를 이해할 수 있게 만들려면 이 도시의 1층 중요 지점에 공원과 도서관과 벤치를 만들어야 한다. 그곳이 우리가 흰 돌을 둬야 하는 위치다. 똑똑하게 줄 건 주고 얻을 것은 얻는다면 10년 후에 우리는 더 많은 사람이 화목해질 수 있는 도시 공간 구조를 갖게 될 수 있다. 재건축 재개발을 하면서 바둑돌을 놓듯이 도심 속 중요한 곳에 공원, 도서관, 벤치를 두도록 하자. 그게 우리가 이 시대에 만들고 다음 세대에 물려주어야 할 '화목하게 하는' 도시다. 이것은 우리 세대의 책임이다.

소셜 믹스의 첫 단추, 발코니

사실 우리는 거의 모든 아파트 단지에 아름다운 정원을 가지고 있다. 이러한 단지 내 정원이 시민에게 개방되고, 아파트 단지를 둘러싸고 있는 담장 대신 벤치를 둔다면 도시 내에 셀 수 없이 많은 공원을 갖게 된다. 그런데 실상은 단지에 외부인의 접근이 불가능하게 되어 있다. 이유가 뭘까? 우리나라 국민이 다른 나라 사람보다 이기적이어서 일까? 이들의 마음을 바꿔야 하는 걸까? 하지만 그렇게 접근하면 문제 해결이 안 된다. 우리는 인간의 이기적인 본성을 이해하고 접근해야 한다. 아파트 주민이 단지 내 정원을 일반 시민과 공유하지 않고 사유화하고 싶어 하는 이유는 그곳이 유일하게 남은 어느 정도 사적인 정원이기 때문이다. 과거에는 마당이 있는 집에 살았고 골목길도 내 집처럼 쓰던 시절이 있었다. 그런데 아파트로 이사했고 외부 자연을 느낄 수 있는 사적인 공간은 마당 대신 발코니가 되었다. 그런데 지금은 발코니를 모두 확장해서 자연을 접할 공간은 결국 아파트 단지 내 정원만 남게 되었다. 그래서 더 그 정원에 담장을 쌓고 외부인이 들어오지 못하게 해서 더 사적인 공간으로 만들려는 것이다. 만약에 우리가 아파트를 지을 때 1장에서 말한 것 같은 폭이 넓고, 흙의 깊이를 확보해서 나무를 심을 수 있고, 비를 맞을 수 있는 마당 같은 발코니를 갖는다면 아마 1층에 있는 아파트 단지 내 정원에 대한 집착을 버릴 수 있을 것이다. 그러면 더 개방적으로 만들고 시민들과 나누어 쓸 수 있을 것이다. '우리의 문제는 주민들의 나쁜 마음'이라고 하는 순간 대결이 되고 싸우면서 문제 해결은 더 어려워진다. 우리 사회의 문제는 공원의 분포가 문제였고, 아파트 단지 내 정원을 개방하면 공원의 분포 문제를 해결할 수 있다. 아파트 정원을 개방시키기 위해 집집마다 마당 같은 발코니를 만들어 주면 되는 것이다. 개별 세대의 발코니가 우리 사회 문제 해결의 첫 단추일 수 있다.

마당처럼 사용할 수 있는 개별 발코니

6장. 지상에 공원을 만들어 줄 자율 주행 지하 물류 터널

정사각형 공원보다 선형의 공원

우리 사회를 더 화목하게 만들려면 공원이 필요하다. 그렇다면 포스트 코로나 시대의 공원은 어떻게 다르게 디자인되어야 할까? 디자인적으로 포스트 코로나 시대의 공원은 정방형의 공원보다는 가로로 긴 모양의 공원을 만드는 것이 좋다. 보통 공원이 만들어졌을 때 가장 혜택을 누리는 곳은 공원에 접한 변에 위치한 집들이다. 예를 들어서 공원이 가로 100미터, 세로 100미터의 크기라면 공원에 접한 집들의 총 길이는 네 변의 총 합인 400미터가 된다. 그런데 같은 크기의 공원을 세로 대 가로 비율을 1 대 10으로 만들면 공원에 접한 집들의 총 길이는 1.7배가 늘어난 700미터 정도가 되고, 1 대 100으로 만들면 5배가 늘어난 2킬로미터 정도가 된다.

용산에서 미군 부대가 이전을 마치고 나면 서울의 용산공원은 약 88만 평(약 291만 제곱미터)에 이른다. 그렇게 될 때 용산공원의 총 둘레 길이는 약 12킬로미터다. 그런데 만약 용산공원을 폭이 16미터인 경의선 숲길과 같은 가로로 긴 공원으로 만들면 주변부 둘레의 총 길이가 약 364킬로미터로 길어진다. 30배가 늘어나는 것이다. 이때 첫 번째 줄의 집 바로 뒤 칸에 있는 집까지 공원 접근성이 더 좋아진다. 두 번째 칸의 집까지 포함시키면 공원의 혜택을 보는 집의 수가 60배로 늘어나게 되고, 세 번째 줄 집까지 포함시키면 90배가 된다. 산술적으로 따지면 같은 면적의 공원이라 하더라도 가로로 길게 조성했을 때 공원의 혜택을 보는 집들이 기하급수적으로 늘어난다. 이렇듯 공원을 어떤 모양으로 디자인하느냐에 따라서 공원의 혜택을 더 많은 사람이 누리게 할 수도 있고 그 반대가 되게 할 수도 있다.

그렇다고 용산공원을 해체해서 선형線形의 공원을 만들자는 이야기는 아니다. 공원이라는 것이 경우에 따라서는 동식물을 위해 인간의 접근성이 적은 생태 공원으로서의 역할도 필요하기 때문이다. 아마도 용산공원은 뉴욕의 센트럴 파크 같은 생태 공원의 역할을 해야 할 것이다. 하지만 새롭게 공원을 만든다면 가로로 긴 공원을 만드는 것도 생각해 볼 필요가 있다. 가로로 긴 공원의 또 다른 장점은 지역 간의 경계를 허물고 하나의 공동체를 형성하는 효과가 있다. 예를 들어서 '경의선 숲길'이라는 공원은 홍대 앞 연남동에서 시작해서 마포구 공덕동까지 이어진다. 과거 연남동과 공덕동은 아무런 상관이 없는 동네였다. 그런데 경의선 숲길이 생겨나자 두 지역의 주민들은 경의선 숲길을 산책하면서 왕래하는 하나의 공동체가 되었다. 사람들이 걸을 때 경계가 모호해지기 때문이다. 도시 안의 사람들이 하나가 되려면 떨어져 있는 동네들 간에 걸어서 오갈 수 있어야 하는데, 선형의 공원은 이를 촉진시킨다. 선형의 공원은 전염병에 대처하기에도 좋다. 집 앞에 있는 선형의 공원에 가다가 전염병이 발병하여 사회적 거리두기를 해야 하는 상황이 되면, 선형의 공원을 100미터 길이 단위로 구역을 나누어서 좌우로 왕래를 금지시키면 된다. 그렇게 하면 사회적 거리두기를 해야 할 때에도 내가 이용할 수 있는 공원은 가까이에 남아 있게 된다. 문제는 이러한 선형의 공원을 만들 수 있는 땅이 이 도시에 남아 있지 않다는 것이다.

그 문제는 경의선 숲길에서 지혜를 찾으면 해결 가능하다. 경의선 숲길 공원이 만들어진 배경은 과거에 경의선 철길이 놓여 있던 자리에 기차가 더 이상 다니지 않으면서 비워진 땅이 되었기 때문이다. 같은 사례로 뉴욕의 '하이라인 파크'를 들 수 있다. 하이라인은 1934년 도심 내에 물류를 위한 고가도로형 기찻길로 만들어졌다가 1980년 이후 더 이상 사용되지 않고 버려지자 공중 정원으로 개조되어 세상에 하나뿐인, 2층 높이에서 도심을 관통하는 선형의 공원이 되었다. 교통수단이 발달하면서 퇴출된 교통수단의 길은 비워져서 다음 세대가 쓸 수 있는 빈 공간이 된다. 만약 자동차 중심의 도로망으로 디자인된 이 도시에 자동차가 퇴출된다면, 그렇게 해서 도로가 비워진다면 우리는 그곳에 공원을 만들 수 있지 않을까? 지금 당장은 자동차를 없애는 것이 불가능할 것이다. 향후 상당한 기간 동안 자동차는 이동 수단뿐 아니라 이 도시 내 개인 공간으로써 그 역할과 필요가 남을 것으로 보인다. 그렇다면 자동차의 통행량을 줄이면 된다. 슬리퍼를 신고 걸어 다닐 수 있을 만한 거리에 모든 필요 시설이 갖추어지게 도시가 재구성된다면 자동차를 타고 이동하는 교통량이 줄어들 것이다. 이 밖에도 향후 비대면 소비가 늘어나게 되면 물류 교통량은 늘어나고 사람들의 실제 이동은 줄어들게 될 것이다. 이때 물류 교통을 지하 터널로 내려 보낸다면 지상 도로에서 차선을 줄이고 여유 공간을 만들 수 있다. 그렇게 비어진 차선만큼 선형의 공원을 만든다면 이 도시는 걸으면서 연결될 것이고, 지역 간의 분리와 격차가 사라지는 도시, 하나의 공동체로 융합되는 도시로 거듭날 수 있다.

선형의 공원 '경의선 숲길'

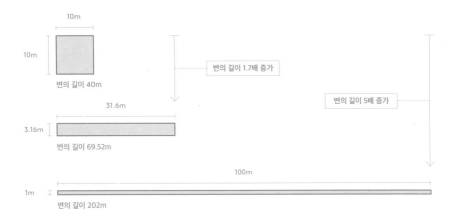

| 10m |
| 10m |
변의 길이 40m

변의 길이 1.7배 증가

변의 길이 5배 증가

31.6m
3.16m
변의 길이 69.52m

100m
1m
변의 길이 202m

변의 길이에 따라 공원에 접하는 면이 늘어난다.

선형의 공원 '경의선 숲길'

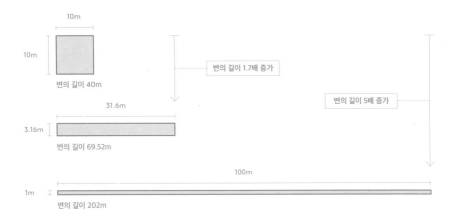

변의 길이에 따라 공원에 접하는 면이 늘어난다.

자율 주행 전용 지하 물류 터널

기술은 발전할수록 눈에 보이지 않는 곳으로 사라진다. 땅 위에 있던 전봇대와 전선도 신도시를 만들 때는 전선 등을 땅에 묻어 지중화地中化시키기 때문에 보이지 않는다. 예전에는 노천으로 노출됐던 상수도와 하수도도 지하로 들어갔고, 지상을 다니던 전차는 지하로 들어가서 지하철이 되었다. 휴대폰의 키패드도 스마트폰이 되면서 화면 속으로 사라졌다. 호텔에 가면 서비스를 하기 위해서 호텔 직원들만 다니는 복도는 눈에 보이지 않는 곳에 배치되어 있다. 건축은 발전할수록 서비스 기능들이 보이지 않는 곳으로 숨겨진다. 그런데 아직도 우리의 도시에는 도로 위에서 물건을 운송하는 트럭과 사람이 혼재하고 있다.

미래 도시에 새롭게 도입될 필수적인 지하 인프라 시설은 일반 자동차는 다니지 않고 자율 주행 로봇만 다니는 '자율 주행 로봇 전용 지하 물류 터널'이라고 생각한다. 이는 도요타자동차가 후지산 근처에 개발 중인 스마트시티 '우븐시티WovenCity'의 주요 아이디어다. 다른 점이 있다면 우븐시티에서는 도시의 한 층 전체를 물류 터널로 이용한다면 내가 제시하는 것은 기존 대도시의 지하에 직경이 작은 터널을 뚫는 것을 제안한다는 점이다. 이같이 천장고가 낮은 지하 도로망으로 자율 주행 운송 로봇이 다니면 에너지 효율을 크게 높일 수 있다. 우선 로봇만 다니는 낮은 천장고의 터널은 트럭이 다니는 터널보다 단면이 10분의 1 이상 작기 때문에 건설비를 크게 줄일 수 있다. 요즘은 지하 터널을 기계가 뚫기 때문에 공사 기간과 비용이 과거만큼 많이 들지 않는다. 둘째, 작은 크기의 운송 로봇은 에너지 효율을 높일 수 있다. 지금 우리는 1킬로그램짜리 피자를 배달할 때에도 60킬로그램 이상의 사람이 100킬로그램이 넘는 오토바이를 타고 이동한다. 결국 161킬로그램을 이동시키는 에너지가 소비된다. 택배 트럭은 배달 내내 다른 물건들도 싣고 다녀야 한다. 운송 로봇은 그런 낭비를 혁신적으로 줄일 수 있다. 10킬로그램밖에 되지 않는 자율 주행 로봇으로 피자를 배달한다면 사람까지 운반을 안 해도 되기 때문에 가볍게 11킬로그램만 이동하면 된다. 에너지 효율이 16배 좋아지는 효과가 생긴다. 게다가 5G 기술을 이용한 자율 주행 로봇은 헤드라이트도 켤 필요가 없고, 사거리에 신호등도 없이 교차로를 지나다닐 수 있다. 이동 속도와 흐름이 인간이 운전하는 교통수단과 비교가 안 되게 효율적이다. 지하 자율 주행 로봇 전용 도로망은 지하 하수도, 지하철, 지하 광케이블망처럼 경쟁력 있는 미래 도시의 필수 인프라 구조가 될 것이다. 지상에서의 운반은 뒤에 다시 이야기하겠다.

1970년 경부고속도로를 뚫고 나서 우리나라 근대화가 완성되었다. 처음에 도로를 뚫을 때 자동차도 없는 나라에 웬 고속도로냐고 했지만, 도로를 뚫은 덕분에 자동차산업이 발달했고 도로를 이용한 운송업과 관광산업 등도 발달하기 시작했다. 21세기의 경부고속도로는 이러한 대도시 내 지하 자율 주행 로봇 전용 도로망일 것이다. 지하 물류 터널을 만든다면, 향후 자율 주행 로봇을 만드는 산업이 만들어질 것이고, 터널을 이용하는 새로운 벤처 사업들이 창업될 것이다. 과거 1990년대 우리가 초고속 인터넷 인프라를 만듦으로써 네이버나 카카오 등의 IT 기업들이 만들어진 것처럼 자율 주행 로봇 지하 물

　6장. 지상에 공원을 만들어 줄 자율 주행 지하 물류 터널

류 터널을 만든다면 새로운 기업들이 나타날 것이다. 사석에서 만난 토목학회 회장에 의하면 서울에 물류 터널을 뚫는 비용은 대략 30조로 예측했다. 우리는 코로나로 인해서 경기 부양에 100조 이상의 돈을 쏟아 붓는다. 그에 비하면 30조의 예산은 그리 큰돈이 아니다. 수년에 걸쳐서 인프라에 30조를 투자한다면 그보다 수십, 수백 배의 경기 부양 효과가 있을 수 있다. 물고기를 주는 것보다는 물고기 잡는 법을 가르쳐 주는 것이 낫다. 국민에게 단순하게 현금을 나누어 주는 것보다 인프라에 투자하는 것이 미래를 위해서 더 나은 선택일 것이다. 우리는 지금 도로가 자동차로 넘쳐 나서 지하 40미터에 터널을 뚫는 GTX를 만들려 하고 있다. 만약에 도로에서 물건을 운송하는 교통량을 모두 지하로 내려 보낸다면 지상의 도로는 인간을 위해서 쾌적하게 쓰일 수 있다. 사람은 지상으로 다니고 물건이 지하로 다니는 세상이 물건은 지상으로 다니고 사람이 지하로 다니는 세상보다 나은 세상이다. 물론 배달 시스템이 지상에서 이루어질 수도 있다. 하지만 그렇게 된다면 우리의 도로는 온갖 물류 트럭들로 정신없는 세상이 될 것이다. 인간은 천천히 걸을수록 좋고, 물류는 빠르게 이동할수록 좋다. 이 둘은 근본적으로 상충된다. 빠르게 움직여야 하는 것들은 눈에 보이지 않는 공간으로 보내는 것이 지상을 '인간을 위한 느린 공간'으로 만들 수 있는 방법이다.

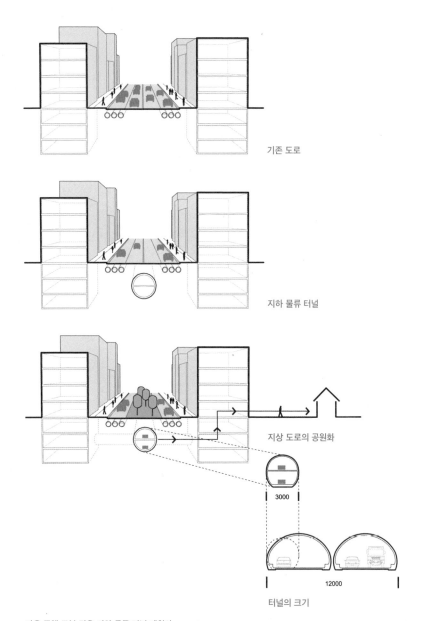

기존 도로

지하 물류 터널

지상 도로의 공원화

3000

12000

터널의 크기

자율 주행 로봇 전용 지하 물류 터널 계획안

주간선도로
보조간선도로
집산도로
- - - - 지하운송터널

4차선 이하의 도로 하부에 설치한 물류 터널 계획도

가까운 미래의 상상

2030년 서울은 4차선 이하 모든 도로망의 지하 6미터 지점에 직경 3미터의 물류 터널을 구축했다. 이 터널 도로망은 에너지 소비를 최소화하기 위해서 서울시 전체의 지형을 고려해 최소한의 언덕길이 만들어지도록 구축되었다. 이 터널은 500미터마다 근처의 건물 지하로 연결되어 그곳에 위치한 물류 창고에 배치한다. 일단 물건이 여기까지 배달되면 근처에 사는 주민들이 걸어와서 이 물건들을 반경 500미터 이내에 있는 집까지 배달해 준다. 이는 새로운 일자리를 창출하는 경제적 효과가 있다. 주변에 배달해 줄 사람이 없는 경우에는 소형 로봇이 골목길을 통해서 직접 배달할 수도 있다.

아침 9시, 노원구에 있는 소비자가 몇 권의 책과 샴푸와 휴지를 스마트폰으로 주문했다. 유통회사는 도시 외곽의 물류 센터에서 오전 9시 15분에 자동화된 시스템에 의해서 주문된 물건을 15분 만에 포장한 후 소형 자율 주행 로봇에 실어서 터널로 들여보낸다. 이때 서울의 북동부 지역에 배달을 가는 로봇들은 여러 개의 객차가 연결된 기차처럼 하나로 묶여서 에너지의 효율을 높여 이동한다. 도시로 들어가서 배달지가 가까워지면 각자의 목적지로 분산되어 지선으로 빠지게 된다. 9시 45분, 배달지에서 가장 가까운 위성 물류 기지로 지하 연결 통로를 통해서 들어가 선반에 주문 상품이 배치된다. 컴퓨터는 배달 서비스의 정보를 앱상에 띄운다. 근처를 산책하던 시민이 이 정보를 확인하고 물건을 픽업한 후 걸어서 수취인 집에 배달해 준 시간이 10시다. 그 시민은 산책을 하면서 용돈을 조금 벌었다. 주변을 보면

6장. 지상에 공원을 만들어 줄 자율 주행 지하 물류 터널

천천히 걸으면서 이런 배달을 해 주는 사람들이 심심찮게 있다. 지상의 공간은 어디를 가나 선형의 공원으로 연결되어 있다. 2030년 서울에서는 어떤 물건을 주문하더라도 한 시간 이내에 교통 체증 없이 배달된다. 뉴욕이나 런던보다 훨씬 더 편리하고 안전한 도시다. 역사에 없던 새로운 도시가 만들어진 것이다. 이곳에서는 어떤 전염병이 오더라도 사는 데 별다른 불편함이 없다. 전 세계의 사람들이 살고 싶어 하는 도시가 되었다. 전 세계에서 창의적인 사람들과 자본이 모여들었고 대한민국은 서울을 중심으로 세계를 리드하는 국가가 되었다.

7장.

그린벨트
보존과
남북통일을
위한
엣지시티

그린벨트의 역사

'개발 제한 구역'이라는 의미의 그린벨트는 영국에서 최초로 고안한 개념이다. 최초의 개발 제한 구역 선포는 엘리자베스 1세가 교외 지역의 빈민가가 런던 시내로 진입하는 것을 막기 위해서 성문에서 3마일(약 4.82킬로미터) 이내에 건물 신축을 못하게 한 것이 시작이었다. 이는 도시 성장을 막는다는 현대식 그린벨트 개념과는 조금 다른 것이었다. 우리가 아는 도시 확장 억제 개념의 그린벨트는 1898년 에버니저 하워드Ebenezer Howard의 저서 『미래의 정원 도시(Garden Cities of Tomorrow)』에서 처음 소개됐다. 그의 개념은 런던의 무질서한 확장을 막기 위해서 런던 시내 주변으로 폭 2킬로미터의 녹지를 보존하고 그 공간을 런던 시민이 쉴 수 있는 공간으로 만들자는 취지였다. 이러한 개념을 우리나라에서는 1971년 박정희 전 대통령이 도입했다. 하지만 제정할 당시에도 그린벨트 지역에 이미 지어진 집들이 있었고 농지도 있어서 아직까지도 이것이 제대로 된 '그린'이냐에 대해서 의견이 분분하다.

그렇다 보니 우리나라에서 주택 문제가 대두될 때마다 그린벨트를 해제해서 주택 공급을 늘려야 한다는 이슈가 나왔다. 김대중 전 대통령 때 한 차례 그린벨트를 해제한 경우가 있었고, 이명박 전 대통령 때에도 그린벨트를 풀어서 보금자리 주택을 만들었던 사례가 있다. 2020년에도 주택 가격이 폭등하자 그린벨트를 풀어서 주택 공급을 늘려야 한다는 이야기가 나왔다. 주택 공급을 위해서 그린벨트를 풀어야 한다는 주장과 그나마 남은 녹지인 그린벨트를 남겨야 한다는 주장이 대립한다. 그린벨트를 풀어야 한다는 주장에는 개인의 재산권을 정부가 지나치게 간섭한다는 의견이 있다. 일리가 있는 주장이다. 하지만 공익을 위해서 그린벨트 녹지를 보전하는 것은 후대를 위해서 해야 할 의무이기도 하다. 이들 양측의 의견을 모두 수용하면서 해결할 방책은 없는지 살펴보자.

서울 그린벨트 현황(2019년 12월 말 기준)

LA vs 뉴욕

우선 그린벨트의 필요성부터 살펴보자. 녹지를 보전한다는 것은 언제나 바람직한 일이지만 도시 형성에 있어서 그린벨트가 기여한 바는 또 다른 이슈다. 만약에 서울 같은 대도시에 그린벨트가 없었다면 어떻게 되었을까? 아마도 끝도 없이 퍼져 나가는 곰팡이처럼 난개발되면서 경기도 일대로 서울이 확장해 나갔을 가능성이 크다.

보통 도시적인 측면에서 LA와 뉴욕은 대비되어서 이야기된다. 뉴욕은 고층 건물로 고밀화된 도시로 성장하였고, LA는 계란프라이처럼 퍼져 있다. 뉴욕은 섬에 만들어진 도시다. 땅 면적에 제약이 있는데다가 가운데 넓은 면적은 센트럴 파크로 녹지를 확보해 놓았다. 그렇다 보니 나머지 좁은 면적에 점점 더 고층으로 지을 수밖에 없었다. 마침 맨해튼섬은 거대한 암반으로 되어 있어서 고층 건물을 짓기에 적합한 기초를 제공했고, 때마침 엘리베이터와 철근 콘크리트, 강철 같은 신기술이 나오면서 이전에는 없었던 마천루가 만든 고밀화된 도시를 만들 수 있었다. 반면 땅이 무제한으로 공급될 듯 광활한 캘리포니아에 만들어진 LA는 다르게 발전했다. 이 지역은 사막 지대로, 토지 가격이 저렴해서 굳이 한곳에 집중될 필요가 없어서 도시는 끝없이 퍼져 나갔다. 주거지가 확장되자 중심 상업 지구에 위치한 직장으로 가는 출퇴근길이 점점 멀어졌다. 악명 높은 LA의 출퇴근 러시아워가 시작된 것이다. 뉴욕과 LA는 각각 일장일단이 있는 도시다. 일이 층 저층 주거가 있는 동네에서는 고밀화된 도시보다 친구가 세 배 더 많다는 연구 결과가 있다. 이로 미루어 보아 저밀화된 주거가 주를 이루는 LA의 공동체에서는 친구가 더 많을 수도 있다. 하지만

7장. 그린벨트 보존과 남북통일을 위한 엣지시티

에너지 소비적인 측면에서 보았을 때 LA는 뉴욕보다 에너지 소비에 많은 문제를 가지고 있다. 뉴욕은 도시 공간의 밀도가 높아져서 시내에서는 주로 걸어 다니거나 대중교통을 이용할 수 있는 반면, LA는 저밀화되어 있어서 지하철 같은 대중교통 서비스를 만들기에는 시장성이 떨어졌고, 자동차 중심의 교통 시스템을 만들다 보니 에너지 소비와 대기 오염이 큰 문제로 대두되었다.

저층의 건물들이 주를 이루는 저밀화 도시 LA(위)와 고층 건물들로 이루어진 고밀화 도시 뉴욕 맨해튼

7장. 그린벨트 보존과 남북통일을 위한 엣지시티

반도체 회로 같은 도시 패턴

서울의 경우 그린벨트를 만들지 않았다면 LA처럼 한반도 전체로 퍼져 나가는 대도시가 됐을 가능성이 크다. 그랬다면 '고밀화된 도시가 되면서 촉진되는 상업'의 발달도 느려졌을 것이다. 나는 우리나라의 근대화가 늦었던 가장 큰 이유로 온돌 난방 시스템을 꼽는다. 온돌 때문에 단군 이래 모든 주거가 1층이었다. 단층 건물로는 고밀화된 도시가 만들어지지 못하기 때문에 인구 밀도가 낮았고 주변에 물건을 사 줄 사람이 적었기에 상업이 발달하지 못했다. 상업이 발달하지 못하자 화폐 통화량이 적었고, 그러자 화폐를 통한 자본이 축적되지 못했고 새로운 상인 계층 또한 형성되지 못했다. 결과적으로 새로운 부자 계층이 만들어지지 못해서 부는 토지로 대물림되고 사회는 정체됐고 발전하지 못했다. 이 문제를 해결하기 위해서는 상업의 발달이 필요하고, 상업이 발달하고 대중교통 시스템이 보급되기 위해서는 어느 정도 좁은 공간에 인구 밀도가 높은 도시로 개발될 필요가 있다. 그런 면에서 무분별한 확장을 막아 준 그린벨트는 그 역할을 잘했다고 판단된다. 물론 그 고밀화된 공간을 어떻게 디자인하느냐에 따라서 도시의 경쟁력이 달라진다.

결국 중요한 것은 패턴이다. 도로망의 패턴, 빌딩과 녹지 구성의 패턴, 학교, 주거, 오피스 같은 다양한 프로그램들이 섞인 패턴 등이 도시의 효율성과 사회의 특징을 결정하는 것이다. 예를 들어서 같이 고밀화되어 있어도 뭄바이와 뉴욕은 다른 결과를 가져온다. 물론 정치, 종교, 문화적 배경이 달라서 다른 결과를 가져오기도 하지만, 같은 고밀화라 하더라도 공간의 패턴이 달랐기 때문이다. 역사에 남는 매력적인 도시들은 각기 경쟁력이 있으면서도 독특한 패턴을 만들었던 사례들이다. 그러한 패턴을 연구하면 그들이 왜 한 시대를 장악하는 도시가 될 수 있었는지 알 수 있다. 뉴욕은 단순하게 고밀화만 된 것이 아니었다. 정방형이 아닌 직사각형의 도로망을 가졌고 동시에 거대한 센트럴 파크를 가졌다는 장점이 있다. 암스테르담의 경우에는 운하를 중심으로 도로를 향해서 좁고 긴 필지를 가지고 있었다는 점이 특징이 된다. 자세한 내용은 전작인 『도시는 무엇으로 사는가』를 참조하면 좋겠다. 우리나라의 경우 21세기에 맞는 고밀도 패턴을 만드는 것이 중요하다. 이는 마치 좁은 반도체 안에 효율적인 반도체 회로를 설계하는 것과도 같다. 어떻게 더 안전하고 창의적이고 자연친화적이며 인간을 위한 공간을 도시 안에 밀도 있게 만들 수 있는가가 국가 경쟁력을 좌우한다.

도시의 도로망 패턴

암스테르담

시카고

뉴욕

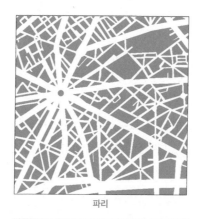

파리

로마

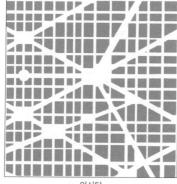

워싱턴

7장. 그린벨트 보존과 남북통일을 위한 엣지시티

LH의 새로운 임무

집을 지을 땅이 부족해서 주택 공급이 원활하지 않으니 주택 문제를 해결하기 위해서 그린벨트를 풀어야 한다고 주장하는 사람이 있다. 과연 그럴까? 대한민국의 도시화 비율은 91퍼센트다. 전체 인구 중 도시에 사는 사람이 91퍼센트란 이야기다. 보통 경제학자들은 도시화 비율이 80퍼센트 중반이 넘어가면 도시화가 완성되었다고 말한다. 현재 전 세계에서 도시화가 90퍼센트 이상인 나라는 싱가포르, 홍콩, 한국뿐이다. 앞의 두 나라는 도시국가 수준이니 그렇다 치고 한국은 도시화가 완성되고도 남은 것이라는 이야기다. 이 말은 즉 우리는 택지가 부족하지 않다는 이야기다. 대한민국의 경우 1960년대에는 도시에 사는 인구 비율이 5퍼센트 정도였다가 지금은 91퍼센트가 되었으니 전체 인구의 86퍼센트가 지난 50년 동안 도시로 이사한 것이다. 이 시기에는 농지를 바꾸어서 택지를 만들어야 했던 시기다. LH가 바빴던 시기다. LH는 한국토지주택공사의 줄임말로 land(땅)와 housing(집)의 앞 글자를 따서 만든 회사 이름이다. 전체 회사 구성 중 토지를 담당하는 L이 전체의 3분의 2가량을 차지하고 나머지는 H가 차지한다. L은 주로 토목을 주 업무로 하고, H는 건축을 주 업무로 한다. LH의 총 직원 수는 2020년 2분기 기준으로 9,435명이다. 2015년 6,418명에서 5년 사이 직원 수가 50퍼센트 증가해서 3천 명가량 더 늘었다. 이 LH의 주요 업무는 농지로 된 땅을 택지로 개발하는 일이다. 그런데 우리나라의 경우 이제 도시로의 인구 이동은 완성된 상태다. 그렇다면 이제 LH가 해야 하는 일은 새롭게 택지를 개발하는 대신 기존 택지의 효율을 높이는 일이다.

LH의 업무는 바뀌어야 한다. 지난 50년간 녹지를 택지로 만드는 일을 했다면 이제는 반대로 택지를 녹지로 만드는 일을 해야 한다. 그린벨트에 비닐하우스밖에 없으면 비닐하우스를 없애고 나무 심는 일을 해야 한다. 그린벨트와 도시가 만나는 접경의 좁은 면적을 고밀하게 개발해서 그린벨트 내 주거를 이전하고 나머지는 녹지로 전환하면 가능하다. 인구 고령화로 소멸하는 시골 마을을 아파트 단지로 바꿀 생각하지 말고 콤팩트시티를 만들고 자연 녹지로 회복시킬 생각을 해야 한다. 도시화가 91퍼센트인 우리나라는 더 이상 새로운 택지를 만들 필요가 없다. 대신 그린벨트는 진정한 그린(녹지)으로 회복해야 하고 부족한 주택 공급을 위해서 기존의 도시를 재개발 재건축을 통해서 재정비해야 한다.

엣지시티: 도시와 접한 그린벨트의 경계만 개발하라

그린벨트를 풀어야 한다고 말하는 사람들의 이야기를 들어 보면, 현재의 그린벨트는 이름만 그린벨트일 뿐 실제로는 비닐하우스와 무허가 건축물이 난무하기 때문에 제 역할을 못하니까 없애야 한다고 말한다. 일리가 있는 말이다. 그렇다면 이미 훼손된 그린이니 그냥 택지로 개발하는 것이 옳을까? 나는 오히려 이번 기회에 이름뿐인 그린벨트를 제대로 된 그린으로 회복하는 일이 필요하다고 생각한다. 동시에 그린벨트 땅을 소유하고 있는 사람들의 재산권 회복을 위해 도시와 접하고 있는 그린벨트의 경계부를 집중적으로 개발하는 방식을 제안하고 싶다. 예를 들어서 그린벨트가 10만 평 있다면 그중 10퍼센트인 그린벨트와 도시가 만나는 경계부의 땅 1만 평만 고층, 고밀도로 개발하는 것이다. 그리고 나머지 90퍼센트의 땅은 나무를 심고 공원으로 만들어서 자연으로 회복시킨다. 10만 평의 땅이 있다고 해서 모두 같은 가치를 갖는 것은 아니다. 땅은 주변부에 어떠한 시설을 접하고 있느냐에 따라서 가치가 결정된다. 기찻길 옆 시끄러운 지역의 아파트보다 한강이 보이는 강변 아파트의 가치가 더 높다. 따라서 그린벨트 중에서도 가치가 높은 곳은 도시의 편의시설을 사용할 수 있는, 도시와 접한 경계부의 땅이다. 그 경계부의 땅을 좁고 길게 집중적으로 개발하고 나머지 그린벨트는 공원으로 바꾼다면, 새로 지어진 주거는 도시의 편리함과 공원 경치를 함께 갖는 가치 높은 부동산이 될 것이다. 이렇게 좋은 조건의 주거를 개발해서 분양 단가를 높인다면 적은 연면적을 개발해도 개발업자 입장에서는 같은 사업성을 얻을 수 있을 것이다. 많은 녹지를 훼손하지 않고도 사업성을 찾을 수 있고, 시민은 좋은 공원을 얻게 된다.

경계부를 개발할 때 건물을 연속되게 지어서 만리장성처럼 보이게 만들면 안 된다. 실선처럼 이어진 건물군이 아니라 점선처럼 중간 중간 끊어지게 개발해서 도시 측에서 바라볼 때 건물과 건물 사이로 그린벨트 공원으로의 접근성과 경관을 확보하게 만들어야 한다. 이렇게 만들어진 주거 단지를 '엣지시티'라고 부르자. 개발된 주거 지역이 좁고 길기 때문에 이면의 도시에 있는 사람도 쉽게 공원으로 접근할 수 있다. 현재 한강변의 아파트 단지는 폭이 1백 미터가 넘는 두께로 조성되어 있어서 시민들이 단지를 관통해 한강공원으로 접근하기 어렵다. 새롭게 개발되는 그린벨트 경계부의 엣지시티는 폭을 15미터 이내로 만들어 일반 시민이 단지를 관통해서 공원으로 접근하기 수월하게 만들도록 한다. 이렇게 하면 기존 도시민들과 그린벨트 토지를 가진 사람 모두 윈윈win win할 수 있다. 정치에서 선거 전략적 관점에서 보면 세상은 제로섬 게임이다. 내가 표를 얻으면 상대방이 지고, 상대방이 표를 얻으면 내가 진다고 생각한다. 우리는 지난 수십 년간 정치가들의 선동에 세상을 지나치게 제로섬 게임으로 바라보게 되었다. 그런데 실제 현실에서는 디자인을 잘하면 둘 중 한 명만 이기는 제로섬 게임에서 벗어나 구성원 모두가 만족할 답을 찾을 수 있다.

남북한 융합을 위한 DMZ 평화 엣지시티

그린벨트를 위한 엣지시티 개념은 남북한 융합의 전략도 될 수 있다. 대한민국에서 가장 중요한 그린벨트는 남북한 사이에 위치한 비무장지대(DMZ)일 것이다. 인간의 접근이 어려워지면서 자연이 회복된 이 지역은 남북한을 나누는 장애물이기도 하지만 동시에 융합의 장이 될 수 있는 기회의 땅이기도 하다. 이 땅은 여러 정권에서 다양하게 접근했다. 박근혜 정부 때는 평화 공원을 만들려는 계획이 있었고 문재인 정부에서는 GP(휴전선 감시 초소)를 없애는 쪽으로 진행했다. 나는 DMZ에 남북한 융합을 위한 도시를 만들어야 한다고 생각한다. 일반적인 신도시가 아니라 자연을 보존하면서 동시에 남북을 연결하는 엣지시티를 제안한다. 남북의 융합을 위해서 공원을 만들거나 군사 시설을 제거하는 것은 소극적인 방식이다. 적극적인 방법은 남북한 국민이 상대의 국적을 모르는 상태에서 젊은이들끼리 연애도 하고 공동 창업도 할 수 있는, 일상과 경제 생태계가 존재하는 도시가 만들어져야 한다. 그런데 DMZ에 도시가 만들어진다면 오랫동안 잘 보존되어 온 자연이 파괴된다는 문제가 있다. 따라서 DMZ에 만들어질 도시는 DMZ 전체 면적의 1퍼센트 이하로 최소한의 규모로 선형의 고밀도 개발을 해야 한다. 이때 선형의 방향은 남북 방향으로 잡아서 남과 북을 연결하는 선이 되도록 한다. 남북 간의 교류가 시작되면 두 나라를 연결하는 고속도로가 남북 방향으로 나게 된다. 이때 이 도로와 DMZ의 자연이 만나는 경계부에 도로를 따라서 선형으로 고밀도의 도시 개발을 한다면 자연 침해는 최소한으로 하면서 남북을 연결해 주는 도시 공간을 만들 수 있다. DMZ의 폭은 남북한 합쳐서 4킬로미터다. 따라서 DMZ를 남북으로 연결하는 엣지시티는 가로 4킬로 미터 세로 수십 미터의 도시가 될 것이다. 만약에 도시가 민통선 지역 8킬로미터까지 포함하게 되면 남쪽 민통선부터 북쪽의 민통선 지역 까지 해서 약 20킬로미터의 선형 도시가 만들어지는 것이다. 이렇게 만들어진 남북 방향으로 긴 선형의 평화 도시는 남쪽과 북쪽을 연결 해 주는 도시가 된다. 이 도시의 건물군은 연결된 실선이 아니라 점선 의 형태가 되어야 한다. DMZ 엣지시티의 삼겹살집에서 남북한 청년 들이 친구가 되고 결혼도 하고 벤처 회사가 창업된다면 이보다 더 좋 은 남북한 융합은 없을 것이다. 이 도시는 20세기 남북한의 아픈 역사 를 지우고 21세기의 한반도 역사를 만드는 장소가 될 수 있다.

이 도시의 스카이라인은 남북 연결 고속도로를 접한 측은 고층 건물 로 높고, DMZ를 향해서는 낮은 층 건물로 형성돼 있다. 이로써 모든 건물에서 DMZ의 자연을 감상할 수 있다. 도로망은 동서 방향으로 난 도로(스트리트)가 맨해튼처럼 60미터마다 놓이고 남북 방향 거 리(에비뉴)를 따라서 노면 전차(트램)를 설치하여 사람들이 걸어서 도시 곳곳을 다닐 수 있는 보행 친화적 도시로 완성된다. DMZ 엣지 시티에 여러 가지 세제 혜택과 저렴한 주택을 공급한다면 이곳은 사 람이 모여드는 기회의 땅이 될 것이다. 여기서 남북한은 익명성의 상 태에서 공통의 추억을 만들면서 서서히 하나 되어 갈 수 있다. DMZ 를 생태 공원으로만 유지한다면 마치 서울의 강북과 강남을 나누는 한강처럼 될 것이다. 걸어서 건너지 못하고 자동차나 지하철을 타야 만 건널 수 있는 한강은 조용한 자연 공간이지만 사회적으로는 강북 과 강남을 분리시키는 장애물이기도 하다. 한강을 보행자 다리로 걸어서 건널 수 있다면 경계는 모호해지고 강북과 강남은 더 하나로 융합됐을 것이다. DMZ도 마찬가지다. 생태 공원으로만 유지한다면 남한과 북한을 나누는 장애물이 될 가능성이 크다. 하지만 그 안에 남북을 연결하는 선형의 보행 친화적인 도시를 만든다면 DMZ 엣지시티를 통해서 남북한 주민은 서로의 땅을 걸어서 오갈 수 있게 된다. DMZ 엣지시티는 남북한이 하나 되고, 도시와 자연도 하나 되는 융합의 공간이 된다. 이 도시에서는 각종 세금 정책을 실험적으로 시행할 수도 있고, 자본주의와 사회주의라는 다른 문화적 차이를 융합시키는 여러 가지 행정적 실험도 할 수 있는 플랫폼이 될 수 있다. 누군가는 황당한 이야기라고 비웃겠지만, 미래는 꿈꾸는 자들이 만든다.

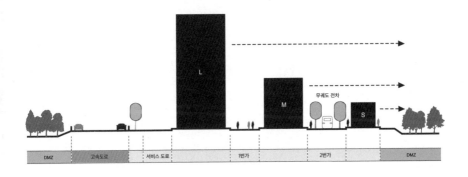

| DMZ | 고속도로 | 서비스 도로 | 1번가 | 2번가 | DMZ |

무궤도 전차

L

M

S

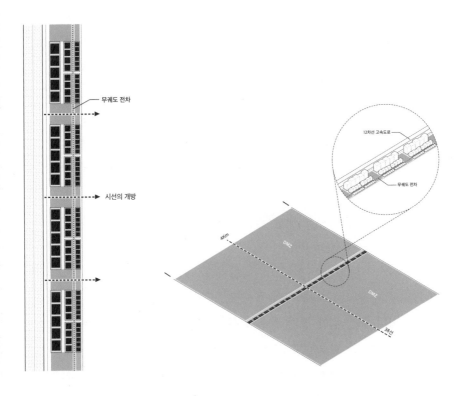

무궤도 전차

시선의 개방

12차선 고속도로

무궤도 전차

DMZ

DMZ

4Km

38선

고속도로 가까운 곳부터 건물의 높이가 점차 낮아져 각 건물의 조망권이 확보되는 DMZ 계획안

농사꾼의 도시와 장사꾼의 도시

그린벨트와 DMZ는 이야기했으니 기존의 도시는 어떻게 하면 좋을까? 우리의 도시에는 더 이상 필요한 건물을 지을 땅이 없는 걸까? 일론 머스크의 미래 비전 중 태양계 행성인 화성을 개발해서 사람을 살게 하겠다는 계획이 있다. SF 〈스타트랙〉의 팬으로서 광활한 우주를 향해 나가자는 진취적인 생각에는 박수를 보낸다. 지금 그런 시도를 하지 않는다면 인류는 먼 미래에 지구에서 멸망할지도 모른다. 하지만 동시에 지금 지구상에서 일어나는 환경 문제를 해결하지 못한다면 먼 미래가 아닌 가까운 미래에 멸망할 것이라는 생각이 든다. 화성 개발에 박수를 보내면서도 동시에 드는 생각은 인간의 몸으로는 살수 없는 조건인 우주를 사람이 살 수 있는 환경으로 바꾸는 노력의 100분의 1만 하면 지금의 지구를 더 살기 좋은 곳으로 회복시킬 텐데 왜 고생을 사서 하나 싶기도 하다. 화성을 식민화시켜 봐야 거대한 실내 쇼핑몰 같은 데 들어가 사는 정도일 것이다. 그런 곳에서 인간이 과연 얼마나 오랫동안 살 수 있을까? 살고는 싶을까? 그것보다는 지구 온난화와 인구 문제를 해결해서 지구를 더 살기 좋은 곳으로 만드는 것이 백배는 쉬워 보인다.

2019년에 서울시는 '도로 위의 공중 도시'라는 이름으로 북부간선도로 500미터 구간 위에 청년 가구와 신혼부부를 위한 주거 1천 채를 짓겠다는 계획을 발표했다. 주거 약자 계층을 위해서 집을 짓는 계획에는 찬성한다. 하지만 왜 굳이 도로 위에 지을까? 도로 위에 건물을 짓겠다는 계획은 박근혜 정부 때에도 있었다. 하지만 이런 계획을 들을 때마다 멀쩡한 지구를 더 좋게 만들 생각은 안 하고 화성에 가서 살겠다는 계획처럼 들린다. 북부간선도로 위를 개발해서 사람이 살게 해 봐야 소음과 먼지, 무엇보다도 진동 때문에 좋은 주거 환경이 되기 힘들다. 예전에 에어컨 실외기 앞에 있는 방에서 살아 본 경험이 있다. 미세한 진동은 예상치 못한 스트레스를 준다. 그래서 도로 위 건물은 슬럼화 되기 쉽다. 대표적인 예가 1961년도에 로버트 F. 와그너 주니어 뉴욕시장이 지은 맨해튼 95번 도로 위의 '브리지 아파트'다. 결과적으로 이 아파트는 제대로 된 주거 지역이 되지 못했다. 연구에 의하면 이곳 주민들은 천식 발병률이 높다는 결과가 나왔다. 서울시는 프랑스, 독일, 홍콩의 사례를 들면서 지금은 기술적으로 개선되어 많은 부분이 해결될 수 있다고 말한다. '라면도 건강에 그렇게 나쁘지는 않으니 매일 먹어도 좋다'는 말처럼 들린다. '더 좋은 것이 있는데 왜 굳이 도로 위에?'라는 생각을 지울 수 없다. 서울시는 일반 사유지에 건물을 지으면 토지 매입비가 더 들어서 도로 위에 짓는다고 말한다. 비용이 문제라면 차라리 도로 위가 아닌 일반 대지의 용적률을 상향 조정해서 더 높게 지으면 될 것이다. 개발업자는 못하지만 서울시는 가능한 일이다. 열린 눈으로 보면 서울에 남는 것이 땅이다.

서울의 평균 용적률은 160퍼센트 정도라고 한다. 반면 시내 전체가 저층인 프랑스 파리는 250퍼센트다. 고층 건물이 이렇게 많은 서울이 파리보다 용적률이 낮다니 많은 사람이 의아해 할 것이다. 그 이유 중 하나는 서울시는 자투리 공간으로 버려지는 땅이 많기 때문이다. 일반적으로 우리는 건물을 지을 때 대지 경계선에서 띄어서 건물을 짓는다. 건물 사이를 띄워서 채광과 통풍을 하겠다는 이유다. 그러

7장. 그린벨트 보존과 남북통일을 위한 엣지시티

다 보니 건물 사이사이에 쓸모없이 버려지는 땅이 많다. 반면 파리나 뉴욕 같은 도시는 건물끼리 옆으로 붙어 있다. 건물 사이사이의 공간은 한곳에 모여서 중정이나 뒷마당으로 만들어져 있다. 이게 가능한 것은 필지가 좁고 길게 구획되어 있기 때문이다. 애초에 도시가 처음 만들어질 때 필지를 좁고 길게 만든 이유는 도심 속에서 장사를 하기 위해서다. 장사를 하려면 길가에 면해서 가게 입구가 나야 한다. 그래서 많은 사람이 도시에 모여서 장사하며 사는 도시들은 필지 모양이 도로에 접한 부분은 좁고 뒤쪽으로 길다. 런던, 암스테르담, 로마, 뉴욕 할 것 없이 상업 중심 도시는 다 그렇다. 심지어 일본의 오래된 도시인 교토도 필지가 좁고 길다. 그런데 우리는 강남 개발을 할 때도 필지 모양이 정사각형이다. 농사꾼의 마인드로 필지 구획을 해서 그렇다. 우리는 땅은 반듯한 정사각형이어야 한다고 생각한다. 땅을 볼 때 햇빛 드는 농지와 면적만을 생각해서 그렇다. 농사꾼과 장사꾼의 다른 마인드는 필지 모양의 비율을 다르게 했고, 도시의 효율성에 차이를 주었다. 우리가 장사꾼의 마인드를 가지지 못한 이유는 난방 시스템인 온돌 때문에 2층짜리 집을 지어 본 적이 없어서다. 그래서 고밀한 도시가 없었고 따라서 상업도 발달하지 못해서 그렇다. 우리의 도시를 바꾸려면 필지 디자인부터 바꿔야 한다. 과거의 흔적도 남기면서 새롭게 필지를 디자인할 재개발 재건축이 필요하다. 그러면서 고밀화시킨다면 굳이 도로 위에 건물을 지을 필요는 없을 것이다. 신도시와 도로 위 건물을 짓는 대신 도시를 스마트하게 고밀화시킬 때다.

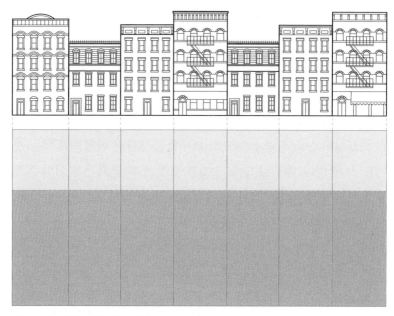

건물이 서로 붙어 있는 고밀도 필지 구획

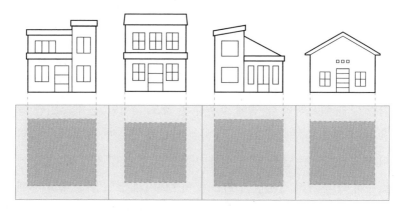

건물 사이에 쓸모없이 버려지는 땅이 많은 저밀도 필지 구획

필지의 모양이 외부 공간의 효율성을 좌우한다.

소규모 재개발의 장점

2000년대 초반 재개발, 재건축이 활발하게 이루어졌을 때 만들어진 지역에 가 보면 안타까운 것이 하나 있다. 어디를 가나 비슷하게 만들어진 아파트 단지밖에 없다는 점이다. 만약에 우리가 그러한 초대형 재개발이 아니라 중소 규모의 재개발을 했다면 어땠을까 하는 생각을 하게 된다. 우리나라 도시 경관의 첫 번째 문제는 과거의 흔적을 보존하지 않는다는 점이다. 재개발을 할 때 대형으로 진행하다 보니 기존 도시의 골목길들도 다 사라지고 과거의 흔적이 완전히 지워진 재개발밖에 이루어지지 않는다는 문제가 있다. 두 번째 문제는 필로티 주차장이다. 우리나라 도시의 풍경을 망치는 것 중 하나는 1층에 만들어진 필로티 주차장인데, 이러한 개발이 되는 이유는 주차장법 때문이다. 우리나라는 기본적으로 건물의 주차를 자신의 땅 안에서 해결해야 한다. 그런데 필지는 작게 100평 이하로 구획되어 있다. 100평이 안 되는 땅에는 지하 주차장으로 내려가는 경사로를 만들수 없다. 그러다 보니 자연스럽게 필요한 주차 공간만큼 건물 1층을 필로티로 올려서 해결하게 된다. 주차장법 중에 200미터 이내에 주차장 땅을 확보하면 내 땅에 주차를 안 해도 되지만, 근처의 비싼 땅을 사서 지상 주차장으로만 사용하는 바보가 있을까? 결국에는 필로티 주차장밖에는 답이 없다. 이를 피하는 방법은 대규모 재개발밖에 없는데 여러 가지 절차상의 이유로 이루어지기가 어렵다. 따라서 대안으로 제시할 수 있는 것은 중규모로 재개발하는 것이다.

빌라 1층의 필로티 주차장

7장. 그린벨트 보존과 남북통일을 위한 엣지시티

서울의 지도를 보면 필지가 6개에서 20개 정도씩 묶인 블록들이 모여서 블록과 블록 사이에 골목길을 형성하고 있다. 만약에 우리가 골목길과 골목길 사이의 6개에서 20개 정도의 필지를 묶은 규모의 재개발을 촉진하는 인센티브 법안을 만들면 어떨까? 이때 새롭게 건축되는 건물의 주차장은 지하에 통합으로 넣는 것이다. 그렇게 되면 지하 주차장으로 들어가는 입구가 최소화되고 골목길과 접한 1층은 필로티 주차장 없이 보행 친화적인 환경으로 구성할 수 있게 된다. 건축주 입장에서도 가치가 높은 1층을 더 많이 사용할 수 있게 되어 이득이다. 경우에 따라서 각 층으로 접근하는 엘리베이터와 계단 코어도 옆의 필지와 공용으로 사용할 수 있게 되면서 공간을 효율적으로 만들 수 있다. 현재 각종 건축 법규로 인해 필지와 필지 사이에 자투리 땅으로 소실되는 공간들을 한데 모은다면 작은 공원도 만들 수 있을 것이다.

이렇게 하나씩 천천히 재개발을 해 나간다면 골목길은 살리고, 길가에 세워진 차들은 지하 주차장으로 사라지고 사람들이 사용하는 골목길로 회복될 수 있다. 사람들이 골목길을 걸을 때 필로티 대신 예쁜 카페나 작은 공원들이 보이는 경관으로 바뀔 것이다. 이러한 재개발 재건축을 촉진시키기 위해서 용적율, 건폐율, 높이제한 등을 완화해준다면 민간 자본들이 투입되어서 다양하고 아름다운 도시 재생이 이루어지게 된다. 이렇게 조금씩 우리의 도시를 업그레이드를 해 나가면 머지않아 새로운 도시를 가지게 될 것이다.

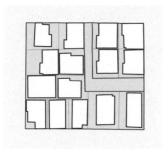

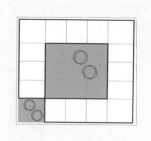

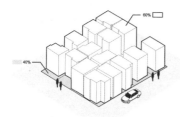

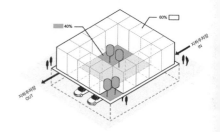

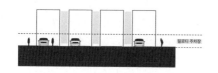

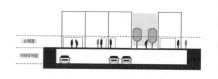

개별적으로 건축한 기존 빌라.
각자 1층에 필로티 주차장을 사용한다.

6~20개를 함께 건축한 빌라 계획안.
지하 공용 주차장을 함께 사용해
1층은 입주자들의 공간이 된다.

7장. 그린벨트 보존과 남북통일을 위한 엣지시티

8장.

상업 시설의
위기와
진화

디즈니의 위기

코로나 사태 직전, 디즈니는 세계에서 가장 잘나가는 기업 중 하나였다. 미키 마우스, 백설 공주, 신데렐라같이 세대가 바뀌어도 죽지 않는 캐릭터를 가지고 있었고, 세계 각지의 디즈니 테마파크를 통해서 벌어들이는 현금을 가지고 <토이 스토리>의 픽사Pixar, <스타워즈>를 가진 루카스필름, <아이언맨>과 <캡틴 아메리카>의 마블 스튜디오 Marvel Studios 등 전 세계적으로 가장 유명한 캐릭터 지식 재산권(IP) 회사들을 매입했다. 디즈니의 마블사는 지난 10년간 마블 시네마틱 유니버스(MCU)라는 23편의 영화를 극장 개봉하여 전 세계 영화계를 장악했다. 이들 캐릭터를 바탕으로 스마트폰이나 랩톱으로 드라마나 영화를 보는 OTT 사업까지 진출하여 디즈니플러스를 론칭했다. 디즈니는 오프라인 공간 테마파크부터 온라인 공간 OTT 플랫폼까지 제대로 왕국을 건설한 듯해 보였다. 2019년까지 대한민국 젊은이들이 가장 많이 산 해외 주식이 디즈니였다는 사실은 이를 증명해 보인다.

코로나는 이러한 디즈니의 순항에 암초였다. 디즈니의 문어발식 사업 확장이 가능했던 것은 오프라인 공간인 디즈니 테마파크에서 거둬들이는 현금에 기초한다. 그런데 테마파크가 문을 닫으면서 현금줄이 없어졌다. 게다가 어려서부터 놀러 간 디즈니 테마파크는 새로운 소비자를 끊임없이 만들어 내는 소비자 공급 채널이기도 했다. 디즈니월드에 가지 못하면 소비자의 대물림 사슬이 끊어지게 된다. 이는 향후 디즈니의 충성도 높은 고객의 축소를 의미해서 디즈니의 미래가 더 어두워 보이는 이유이기도 하다. 어쩌다 이지경이 된 것일까.

8장. 상업 시설의 위기와 진화

이런 위기는 사실 디즈니만의 고민이 아니다. 대형 쇼핑몰을 운영하는 대기업부터 뒷골목의 분식집까지 크건 작건 상관없이 모든 오프라인 가게가 공통적으로 가지고 있는 고민이다.

디즈니랜드의 아이콘 '잠자는 숲속의 미녀성'

상업의 진화는 공간의 진화

물건을 산다는 것은 선사 시대 때부터 있던 행위다. 시대에 따라 품목이 다양해지고 같은 품목 안에서도 가격대로 나누어지는 변화는 있었지만, 본질적으로는 바뀐 것이 없다. 근대 산업화 이후에 물건의 종류가 폭증하면서 소비자라는 계층이 생겨났다. 현대 사회에 와서는 상업에서 단순하게 물건을 사는 것으로는 차별화가 되지 않았다. 그러면서 우리에게 익숙해진 단어는 '쇼핑'이다. 나는 '쇼핑'이라는 단어를 1980년 압구정동에 위치한 '한양쇼핑센터'에서 처음 들었다. 구매와 쇼핑의 차이점은 무엇일까? 공간의 차이다. 시장은 야외 공간이고 쇼핑센터는 실내 공간이다. 과거에는 시장에서 사면 구매고 쇼핑센터에서 사면 쇼핑이 되었다. 일제 강점기 때부터 실내 매장인 백화점이라는 시설이 있었지만 쇼핑센터는 그보다 더 큰 현대식 건물에 물건을 진열하고 '쇼핑'이라는 새로운 소비를 지칭하는 단어를 만들어서 차별화시켰다. 구매는 단순히 돈을 지불하고 물건을 산다는 의미라면, 쇼핑은 그보다는 플러스 알파의 현대식 가치가 있는 것으로 마케팅을 했다. 이 쇼핑센터는 점점 진화해서 멀티플렉스 극장과 수영장까지 있는 쇼핑몰까지 오게 되었다. 현대쇼핑몰은 '쇼핑은 놀이다'라는 슬로건까지 내걸었다. 카드 값 결제할 때는 쇼핑은 놀이가 될 수 없지만, 상업에서는 지난 십 년간 어떻게 해서든 끊임없이 쇼핑 공간이 주는 경험의 차별을 주려고 노력했다. 그 이유는 온라인 쇼핑 때문이다.

쇼핑센터가 새로운 공간이라는 차별화 포인트로 재래식 시장의 손님을 빼앗아 갔듯이, 온라인 쇼핑도 새로운 공간을 제공하는 방식으로

8장. 상업 시설의 위기와 진화

쇼핑센터의 소비자를 빼앗아 갔다. 시장이 야외 공간에서 이루어지는 상거래였고, 쇼핑센터가 쾌적한 실내 공간에서 편리하게 구매할 수 있는 공간을 제공했다면, 온라인 쇼핑은 아예 불편하게 쇼핑센터까지 갈 필요 없이 인터넷 가상공간에서 쇼핑하도록 상거래를 제공했다. 시장-쇼핑센터-온라인 쇼핑이라는 겉모습은 바뀌었지만 시대가 바뀌면 새로운 공간에 담아서 상거래를 만든다는 진화의 본질은 바뀌지 않았다. 계속해서 소비자를 온라인 공간으로 빼앗기는 상황에서 오프라인 상업 공간이 살아남는 길은 오프라인만의 공간적 경험을 주는 방법밖에 없다.

실외에서 구매하는 시장(좌), 실내의 여러 매장에서 구매하는 쇼핑센터(위), 어디서든 구매할 수 있는 온라인 쇼핑몰

8장. 상업 시설의 위기와 진화

다른 사람을 볼 수 있는 공간

온라인 상업 공간과 오프라인 상업 공간의 차이는 무엇일까? 온라인 쇼핑의 장점은 오프라인 상업 공간보다 짧은 시간에 더 다양하고 많은 물건을 볼 수 있다는 점이다. 반면 오프라인 공간만의 차별화된 장점은 '다른 사람을 볼 수 있다'는 점이다. 온라인 쇼핑에서는 쇼핑하는 데 드는 시간을 크게 줄일 수도 있다. 그래서 시간당 품을 팔아 돈을 버는 중산층은 시간을 줄일 수 있는 온라인 쇼핑을 선호한다. 중산층에게 대형 마트가 점점 인기가 없어지는 이유다. 반면 시간이 남는 부유한 사람은 오프라인 백화점 쇼핑을 한다.

온라인 쇼핑의 단점은 '나'와 '물건'밖에 없다는 점이다. 반면, 오프라인 쇼핑 공간에서는 '나'와 '물건'과 '다른 사람'이 있다. 오프라인 상업 공간에서는 물건을 사고, 사람 구경하고 '우리'를 경험하는 행위가 있다. 오프라인 상업 공간은 일차적으로 물건으로 사람을 유인하고, 같은 물건에 유인된 비슷한 유형의 사람들끼리의 경험을 만들고 그 경험으로 사람들을 더 유인한다. 예를 들어서 백화점 1층 화장품과 명품 코너에 가면 그 주변에 뷰티와 패션에 관심이 많은 비슷한 부류의 사람들이 모이게 된다. 그런 사람들이 만드는 분위기는 두부와 파가 든 시장바구니를 든 사람들 사이에서 화장품을 고르는 것과는 다른 경험을 제공한다. 그런데 첫 번째 유인책인 상품 판매를 온라인 공간으로 빼앗기니 오프라인 상업 공간은 주변 사람들을 통한 공간 경험으로 이어지기 어렵게 되었다. 그래서 최근 쇼핑몰에는 인터넷에서 사기 어려운 자동차 매장을 쇼핑몰에 유치하거나 '스포츠 몬스터' 같은 독특한 형태의 놀이터를 만들거나 반려동물을 데리고 올 수 있는 공간으로 만들었다. 그곳에 올 다른 이유를 계속 만들어 줘야 했던 것이다. 그런데 코로나는 사람이 모이는 것 자체를 '위험'으로 만들었다. 코로나는 쇼핑 속에서 얻는 '우리'의 경험을 해체하여 쇼핑을 온전히 개인적인 일로 바꾸었다.

2021년 2월 말 문을 연 여의도 현대백화점 '더현대 서울'. 건물 중앙에 정원 같은 곳을 만들어 색다른 공간을 경험하게 한다. 현대판 '수정궁'(239쪽 참조)이다. 과감하게 두 개 층의 상업 공간을 없애고 그 층 절반을 실내 공원으로 꾸며 놓았다. 실내 쇼핑 공간을 과거 시장처럼 야외 공간화시키려는 노력이다. 공간 내 인구 밀도를 낮추고 자연을 넣음으로써 전염병에 강한 야외 공간 이미지를 가지려 한 시도로 보인다.

8장. 상업 시설의 위기와 진화

뭉치면 죽고 흩어지면 산다

2018년 통계 자료에 의하면 서울시 전체 연면적 중 53퍼센트는 주거 면적이고 31퍼센트가 상업 면적이다. 상업 면적은 상점, 식당, 업무 공간 등으로 구성된다. 코로나로 인해 비대면 소비가 늘어나게 되면 가장 영향을 받는 공간이 바로 상업 공간이다. 상업 공간은 불특정 다수가 모이는 공간이기 때문에 전염병의 위험에 가장 많이 노출되기 때문이다. 불특정 다수가 모인다는 점에서는 공원도 마찬가지지만, 공원은 야외 공간이고 사람들이 모인 밀도가 낮아서 크게 문제되지 않는다. 그런데 상업 시설은 실내 공간이면서 동시에 단위 면적당 인구 밀도가 가장 높은 공간이다. 일반적으로 상업 지구는 인구 밀도가 높을수록 사람 구경을 할 수 있어서 매력적인 공간이었기 때문이다.

예전에 가까운 지인 중 유통업에 종사하는 사람이 해외 출장을 간 적이 있었다. 출장 업무는 미국 상업 시설의 성공 요인을 분석하는 것이었다. 각종 백화점과 마트 등을 순회하고 나서 얻은 결론은 '장사는 목이다'였다. 당연한 말이다. 과거 상업 시설은 사람들이 붐비는 곳에 위치하면 성공했다. 그래서 사람들의 눈에 잘 띄는 대로변, 그중에서도 유동 인구가 많은 사거리 모퉁이가 가장 중요한 목이었다. 보통 이런 곳에는 백화점이나 은행이 위치한다. 그런 목 좋은 곳에 은행이 위치하는 이유는 단순하다. 우리나라에 자본이 거의 없는 가난하던 시절인 1970년대에 땅을 사고 건물을 지을 만한 자본을 만질 수 있는 곳은 은행밖에 없었다. 그러다 보니 은행이 사거리 모퉁이 땅을 사서 건물을 짓고 은행을 유치시키고 임대료를 내서 유지하는 식으로 개발한 것이다. 대한민국 1세대 대형 설계 사무소들 중에는 회사 이름에 '림' 자가 들어간 회사가 많다. 한자로 수풀 림(林)자를 사용하는데, 이들 대부분은 은행에서 일하다가 나온 출신들이 세운 설계 사무소들이다. 왜 '림'을 사용했는지 이유는 모르겠지만 어쨌든 그들만의 리그가 북 치고 장구 치던 시절이었다. 그런데 2000년대 들어서 인터넷 쇼핑이 늘어나자 대로변 1층의 인기는 점점 떨어졌다. 뒷골목은 자동차가 다녀도 보행자에게 우선권이 있는 공간이어서 사람들은 천천히 걸으면서 가게를 선택해서 들어갈 수 있다. 이면 도로는 대로변에 비해서 임대료도 저렴해서 적은 자본으로 창업하는 식당이 많이 들어선다. 필지가 작게 구획되어서 빌딩의 크기도 작으니 자연스럽게 다양한 가게들이 들어섰다. 이렇게 이면 도로에서는 보행자가 짧은 구간만 걸어도 다양한 가게에서 고를 수 있는 선택권이 주어지는 매력적인 상업 환경을 형성하게 되었다. 흔히 우리나라 도시의 이면 도로가 먹자골목으로 발전하는 이유다.

그러다 점차 인터넷 쇼핑과 배달 문화가 발달하면서 1층 중심의 상업 환경이 사라지기 시작했다. 식당의 경우 매출에서 배달이 차지하는 비중이 클수록 굳이 임대료가 비싼 1층 대로변에 있을 필요가 없어지기 때문이다. 1층에 가게를 두는 대신 지하실에 부엌만 두고 배달을 중심으로 하는 식당이 늘어나기 시작했다. 이러한 상황에서 코로나 사태는 직격탄이 되었다. 안 그래도 방문 손님이 줄어들고 있었는데, 그런 변화 속도에 가속 페달을 밟은 것이다. 기존에 장사가 잘되던, 사람이 모이던 목 좋은 곳은 전염병의 위험이 큰 곳이 되었다. 과거에는 매장이 클수록 사람을 모으는 매력이 되었다. 규모의 경제 원리가 적용되던 것이 백화점이나 쇼핑몰이다. 그런데 역설적이게도 이러한 대형 규모가 전염병에 가장 취약한 공간 구조다 보니 전염병에 가장 큰 타격을 받았다. 코로나 이전에 가장 인기가 많았던 스타필드 코엑스몰도 큰 타격을 받았다. CGV나 메가박스 같은 극장은 멀티플렉스 상업 시설에 꼭 들어가야 하는 집객 요소여서 여기저기서 모셔 가려는 몸값이 높은 업종이었다. 그런데 이러한 코로나 시대에는 극장이 가장 기피하는 시설이 되었다. CGV는 창업 이래 최고의 위기를 맞이하고 있다.

오프라인 상업 공간의 진화와 축소

최근 오픈한, 서울에서 가장 큰 백화점인 여의도 현대백화점은 신규 매장을 입점시키는 데 어려움을 겪었다. 이유는 바로 길 건너편에 IFC몰이 있기 때문이다. 예전에는 백화점을 열면 매장 자리를 서로 가지려고 경쟁했지만, 지금은 상황이 역전되었다. 오히려 백화점이나 쇼핑몰이 자신의 건물에 입점할 가게를 찾기 어려운 상황이다. 오프라인 매출은 점점 줄어들기 때문에 신규 매장을 열려는 가게가 별로 없어서다. 이런 상황에서 새로운 비즈니스 모델을 시도하는 가게들이 있다. '베타' 같은 매장은 물건을 판매하는 것이 아니라 동선과 머무는 시간 등 소비자의 행동 패턴 데이터를 수집해 분석 데이터를 판매하는 체험형 점포다. 일종의 공간 임대 빅데이터 편집 점포다. 베타 가게에 가면 물건이 전시되어 있고 천장에 수십 대의 카메라가 설치되어 있다. 이 카메라는 소비자들이 어떤 물건에 관심을 가지고 있고, 어떻게 작동해 보는지 등의 정보를 수집해서 재가공하고 판매한다. 현재 상업 시설은 다른 형식으로 브랜드를 홍보할 수 있는 가게를 내려고 한다. 하지만 이러한 공간은 힙하다고 하는 성수동이나 신사동 가로수길 같은 곳에 한정되어 있다. 상업 행위는 점점 온라인 공간으로 들어가고 있고, 따라서 오프라인 공간에서는 상업 공간의 수요가 줄어들고 있다.

새로운 빌딩 양식의 발명

미래의 답을 찾을 때는 과거의 역사를 살펴보는 것이 좋다. 대체적으로 지금 일어나는 사건은 과거에도 있었고, 역사는 반복되기 마련이기 때문이다. 과거 상업 시설의 역사를 살펴보면 산업혁명 이전과 이후로 나누어지는 것을 알 수 있다. 이유는 산업혁명 때 생산 품목 수의 빅뱅이 있었기 때문이다. 지금의 쇼핑몰 원조는 산업혁명 때 만들어진 영국 런던의 '수정궁'이다. 수정궁은 철골 구조와 유리로 만든 유리 온실 같은 거대한 실내 공간에 산업혁명을 통해 만들어진 각종 새로운 물건들을 전시했던 인류 최초의 만국박람회장이다. 설혜심 교수의 저서 『소비의 역사』를 보면 수정궁 덕분에 기존에는 없던 '소비자'라는 계층이 만들어졌다고 한다. 이후 물건 사는 것을 신분 상승의 방법으로 여기는 새로운 문화가 만들어졌다.

건축에서는 수정궁같이 다양한 물건을 전시해서 판매하는 공간이 필요했고 그렇게 탄생한 것이 백화점이다. 그리고 물건의 종류가 더 많아질수록 백화점의 규모는 더 커졌고, 규모가 커질수록 장사는 잘됐다. 품목도 많아지고 사람도 많아지기 때문이다. 그런 군중 속에서 쇼핑백을 들고 다니는 것은 새로운 과시의 방식이 되었다. 쇼핑백은 나는 소비자라는 것을 알리는 신호고, 소비자가 왕인 자본주의 시대에 백화점에서 쇼핑백을 들고 있는 것은 왕이 되는 방법이기 때문이다. 새로운 시대가 열리면 새로운 빌딩 양식(타입)이 만들어지는 것이 건축 공간에서의 변함없는 진리다.

영국 '수정궁'의 외부와 내부

8장. 상업 시설의 위기와 진화

20세기 후반에 인터넷이 발명되면서 이러한 상업 행위의 상당 부분을 인터넷 공간에 빼앗겼다. 아마존닷컴의 성장세는 무서웠다. 규모가 커질수록 다양한 물건을 전시할 수 있었고 그런 시설이 경쟁력이 있었는데, 오프라인의 어느 매장도 온라인 아마존닷컴보다 더 다양한 물건을 가질 수는 없었기 때문에 경쟁 자체가 안 됐다. 가격 면에서도 경쟁이 안 됐다. 그런 환경에서 찾아낸 전통 오프라인 상업 시설의 돌파구는 '물건을 사는 것 이외의 경험을 제공해 주자'였다. 그것은 사람 구경을 할 수 있는 사치스러운 오프라인 공간의 체험이었다. 대형 쇼핑몰들은 사람 구경을 시켜 주기 위해서 고급스러운 공간을 만들었고 고급스러운 공간을 소비할 수 있는 '격이 있는 소비자'들을 모을수록 사람들은 더 모여들었다. 스타필드 코엑스몰의 경우 별마당 도서관을 만들어서 기존 쇼핑 공간에서는 경험할 수 없던 자연 채광이 있는 높은 천장고에 매머드급의 책꽂이를 가진 '공짜 공간'을 선보였다. 기존 어느 상업 시설에도 없던 고급스러운 '공간 플렉스'였다. 플렉스란 과시를 뜻하는 말인데 일반적으로 과시는 낭비를 통해서 할 수 있다. 삼성동 스타필드 코엑스몰은 사치스러운 공짜 공간을 선보이는 공간 플렉스를 통해 그 공간이 얼마나 차별화된 상업 공간인지를 확실하게 보여 줬다. 그런데 이러한 새로운 공간 체험도, 사람 구경도 코로나의 경우에는 완전히 반대의 결과를 가져다준다. 사람이 모이는 곳은 위험하기 때문이다.

그럼에도 전통 오프라인 상업 시설 입장에서 다행스러운 소식이 있다. 인간의 본능은 웬만해서는 안 바뀐다는 점이다. 사람은 사람이 많이 모인 곳에 가고 싶어 한다. 사회적 거리두기를 조금만 완화시켜 줘도 사람들은 식당으로 모여든다. 아무리 코로나가 위험할 때에도 사람들은 클럽에 간다. 이러한 본능은 코로나가 진정되면 사람들은 다시 기존의 상업 시설로 모여들 거라는 것을 말해 준다. 지난 수천 년간 수없이 많은 전염병이 있었지만 사람이 모이는 현상은 변하지 않았다. 이 말은 코로나의 치사율이 낮아질수록 상업 시설로의 회귀가 있을 것이라는 점을 예측하게 해 준다. 하지만 만에 하나 코로나 같은 전염병이 계속해서 나타난다면 어떻게 해야 할 것인가? 전염병이 만연할 때에도 살아남을 상업 시설의 형태는 과연 인터넷 비대면 소비밖에 없을까? 여기에 고민이 있다.

두 가지 갈림길

향후 상업 공간이 갈 길은 두 갈래로 나뉜다. 지금의 위기를 소규모 다핵 구조로 돌파할 것인가, 아니면 컨트롤된 대형 공간으로 갈 것인가. 소규모 다핵 구조란 지난 몇 년간 진행됐던 쇼핑몰 대형화의 반대로, 오프라인 공간에 작은 상업 시설을 여러 개 두는 것을 말한다. 그 길의 끝은 편의점일 것이다. 미래의 편의점은 기존의 편의점과 차별시키기 위해 특별한 공간적 체험을 제공하고 지역성을 부각시킨 편의점도 생각해 볼 수 있다. 지금같이 어디를 가나 똑같은 편의점이 아니라 다른 프로그램과의 융합을 통해서 독특한 체험을 줄 수 있는 편의점을 상상해 볼 수 있다. 예를 들어서 서점과 융합된 편의점이나 빨래방과 융합된 편의점 같은 것을 말한다. 표준 모델을 만들어서 찍어 낸 듯한 편의점이 아닌, 다양성이 있는 편의점이다. 다양성을 가지면서도 동시에 하나의 프렌차이즈 브랜드를 유지할 수 있느냐가 관건이다.

또 다른 길은 완전히 구분된 공간을 만드는 것이다. 최근 백화점은 코로나로 인해서 대부분의 매장 매출은 급감했으나 명품 브랜드의 매출이 급증해서 전체 매출은 성장한 것으로 나타난다. 백화점 경영자 입장에서 백 명의 중산층 소비자보다는 한 명의 VIP가 더 중요해진 것이다. 향후 백화점은 살아남기 위해 전체 매장에서 VIP들만 사용할 수 있는 공간을 늘려 나가고 이외의 공간을 줄여 나갈 것이다. 이미 백화점 1층 화장품 코너는 축소해서 2층으로 올라가고 그 자리에 샴페인바 같은 VIP 소비자를 위한 공간이 만들어지고 있다. 코로나 같은 전염병이 장기화되면 VIP 중심의 공간 재구성 현상은 점점 더 심해질 것이다. 이미 롯데백화점 본점의 경우 전체 연면적에서 명품 매장의 비중을 현재 20퍼센트에서 48퍼센트로 높이는 리모델링을 하고 있다.

SF영화 <엘리시움>을 보면 부자들은 환경이 파괴된 지구를 탈출해서 우주 정거장 같은 인공 환경의 도시를 만들고 분리되어 생활한다. 그곳에는 완벽하게 쾌적한 자연환경이 있고 어떤 병에 걸려도 치료받을 수 있는 의료 시설이 갖추어져 있다. 문제는 이곳엔 선택된 갑부들만 들어갈 수 있다는 것이다. 이러한 인공 천국 개념의 공간은 영화 <메이즈 러너>에서도 나타난다. 알 수 없는 전염병이 전 지구를 덮을 때 인류가 생각해 낸 방식은 철저하게 출입이 통제된 도시 공간을 만드는 것이었다. 그곳에는 병에 걸리지 않은 선택받은 자들만이 들어가서 생활하게 된다. 이러한 미래 사회의 공간이 디스토피아적인 모습으로 그려진 것은 이러한 진화의 방향이 이기적인 인간에게 나타날 자연스러운 결과이기 때문이다. 실제로 아마존 CEO 제프 베이조스는 우주 정거장처럼 떠 있는 우주 도시 '스페이스 콜로니'를 기획하고 있다. 이 아이디어는 프린스턴대학교 물리학과 교수 제라드 오닐 Gerard O'Neil이 1975년에 생각해 낸 아이디어다. 지구와 달의 중력이 균형을 이루어서 힘이 제로가 되는 지점에 영화 <엘리시움>에서 나온 것과 같은 거대한 원형의 도시를 건설하는 것이다. 이러한 공중 도시 개념은 일본 만화 『총몽』에도 나오는 것으로, 거의 대부분의 SF 미래 상상 도시에 빠지지 않고 나온다.

주거 공간이건 상업 공간이건 이런 인공의 환경에서 선택된 사람들만 지낸다는 것은 사회적으로 결코 바람직하지 않다. 구분된 공간은 계층 간의 갈등을 유발하고 그러한 사회는 지속 가능하지 않다는 것을 여러 혁명의 역사를 통해서 알 수 있다. 하지만 소비자를 얻어야 생존할 수 있는 기업 입장에서는 당장 눈앞의 위기를 극복하기 위해서 구분된 공간을 만드는 전략의 유혹을 떨치기 어려울 것이다.

전염병의 위험이 증가할수록 향후 상업 시설에서는 안전한 소비 공간을 만들 것이다. 비근한 예로 미국 프로 농구 리그 NBA의 운영 방식을 들 수 있다. 2020년 코로나는 미국의 모든 스포츠 리그의 중단을 야기했다. 그중에서도 농구는 실내 공간의 좁은 코트에서 옷을 가장 적게 입고 신체적 접촉도 가장 많은 종목이다. 야구는 약 12,000평 정도의 면적에 십여 명이 뛰고, 축구는 2,500평의 면적에 22명이 뛴다. 반면 농구는 127평이라는 좁은 면적에서 10명이 뛴다. 농구 선수는 야구 선수에 비해서 100배 정도 인구 밀도가 높은 공간에서 뛰는 것이다. 직접적 신체 접촉이 거의 없는 야구 같은 경우는 관객만 없으면 운동선수들 간의 전염병 전파는 큰 문제가 되지 않는다. 하지만 농구는 다르다. 그래서 NBA는 극단적인 방식을 택했다.
　어차피 코로나로 손님이 없는 올랜도 디즈니월드의 호텔에 NBA 선수와 관련 직원들을 숙박시키고, 그곳의 크지 않은 체육관을 리모델링했다. 체육관 벽면에는 전 세계에서 온라인으로 관람하는 관중 수백 명의 모습을 실시간으로 띄우는 LED 스크린을 설치했다. 그리고 경기를 할 때마다 CG를 통해서 경기장의 바닥에 홈팀 로고

NBA 경기 모습. 경기장 뒤쪽에 팬들이 실제 좌석에 앉아 있는 것처럼 대형 스크린을 설치해 팬들의 모습을 실시간으로 송출하고 있다.

와 스폰서 로고를 입히는 작업을 했다. 진행자들과 선수들 사이에는 유리벽이 설치되어 있어서 일체의 접촉을 피하게 만들었다. 이들은 돈을 벌기 위해 절대적으로 컨트롤된 공간에서 경기를 치렀다. 선수들은 가족을 비롯하여 일체 외부와의 접촉이 금지되어 있다. 거의 교도소 수준의 격리다. 그럼에도 자유를 반납하고 이를 실행하는 이유는 거액의 연봉 때문이다. 돈을 위해서라면 자유를 반납할 수 있는 것이 인간이다.

8장. 상업 시설의 위기와 진화

전염병이 만드는 공간 양극화

이를 일반 상업 시설에 적용한다면 어떻게 될까? 독립 기숙사에서 2주간 자가 격리를 한 직원들만 서빙을 하고, 넓은 공간에 많은 비용을 지불한 소수의 소비자들만 이용할 수 있는 상업 시설이 만들어졌다고 생각해 보자. 이 공간은 운영비가 너무 많이 들어가서 비용이 엄청날 것이다. 그럼에도 가격이 비싸기 때문에 소비하고 싶은 소비자들도 있을 것이다. 비싼 만큼 과시가 되기 때문이다. 처음에는 2020년 올랜도의 NBA 농구 코트같이 이상해 보이겠지만 그곳이 인스타그램에 올릴 만한 과시용 사진 찍기에 좋은 공간이 된다면 괜찮은 비즈니스가 된다.

소수의 고소득 소비자들만 사용할 수 있는 이런 공간이 도시의 많은 부분을 차지하는 세상은 디스토피아다. 1990년대 경제 성장과 IMF를 겪으면서 빈부 격차가 커졌고 우리는 타워팰리스 같은 주거 공간을 처음 접하게 되었다. 문 앞에 도어맨이 지키고 있고, 안쪽 공간은 우리가 들어가거나 볼 수 없는 그들만의 공간이 펼쳐진 주거 환경이 만들어졌다. 극장에는 부티크 상영관이 만들어져서 조금 더 돈을 지불하고 더 편하게 영화를 볼 수 있는 공간이 만들어졌다. 각종 공연장에는 VIP룸들이 구비되어 있어서 공연 전과 쉬는 시간에 따로 쉴 수가 있으며, 백화점에는 VIP 전용 라운지와 퍼스널 쇼퍼를 이용하는 VVIP 고객용 공간이 설치되었다. 인류 역사를 보면 어느 시대 어느 사회나 계층이 만들어지고 공간이 구분됐는데, 전염병은 기존에도 있던 이러한 공간의 계층화를 가속화시킬 것이다. 전염병의 경우에 다른 점이 있다면 부자들의 공간은 더 커지고 밀도는 더 낮아지는 추세로 갈 것이고 그만큼 나머지 사람들의 공간은 더 줄어들게 된다는 점이다.

따라서 시장 경제에만 맡겨 놓게 되면 향후 온라인 공간은 기술이 발달할수록 점점 더 저렴해지는 반면 오프라인 공간은 점점 더 비싸져서 일반 대중은 온라인 공간에서 주로 생활하고 오프라인 공간은 부자만의 전유물이 될 수도 있다. 이러한 모습을 극단적으로 보여주는 것이 봉준호 감독의 영화 <기생충>이다. 영화 속 가난한 주인공들은 비좁은 반지하 집에서 인터넷에 연결되기 위해 인터넷 와이파이를 찾아서 헤맨다. 현실 속 오프라인 공간이 열악한 이들은 온라인 공간으로의 접속이 절실하다. 반면 부자 주인공의 집에는 거실에 TV도 없다. 대신 햇볕이 잘 드는 마당을 바라볼 수 있게 소파가 놓여 있다. 이 집에서는 쉴 때도 TV를 보는 대신 마당에서 햇볕을 받으면서 책을 읽는다. 초등학생 어린이도 스마트폰으로 놀지 않고 마당에 텐트를 치고 논다. 부자의 공간에서는 미디어에 대한 의존이 없고 인터넷 공간이 필요 없다. 양질의 오프라인 공간이 있기 때문이다. 이러한 공간의 양극화를 해소하기 위해서 정부는 일반 시민 누구나 공짜로 누릴 수 있는 양질의 오프라인 공간이 도시의 1층면 곳곳에 배치되도록 도시 공간 구조를 리모델링해야 한다.

영화 <기생충> 속 반지하 집에서 인터넷 와이파이가 되는 곳을 찾는 남매(위)와 와이파이를 찾던 청년이
과외 아르바이트하는 부잣집 마당에 누워 책 읽는 모습이 상반된다.

자신의 자아를 캐릭터화해서 사이버 공간에서
지내게 하려는 노력은 1990년대부터 시작됐다.
주 사용자는 공간을 소유할 수 없는 젊은 세대다.
아바타를 도입해 인기를 끌었던 '싸이월드의
미니홈피(마이룸)'(위)와 이목구비를 골라 자신과
닮은 얼굴을 만들 수 있는 진화한 아바타 '제페토'.
옷을 고르거나 직접 만들 수 있고, 걷거나 뛸 수
있으며, 공간을 만들어 친구들을 초대할 수도
있어서 대면이 어려운 요즘 전 세계 젊은 층에게
큰 인기를 얻고 있다. 싸이월드와 제페토 같은
'메타버스'는 현실 오프라인 공간을 소유화하거나
돈을 내고 사용할 수 없는 젊은 세대들에게 인기를
끌었다는 공통점이 있다.

8장. 상업 시설의 위기와 진화

공간 소비 vs 물건 소비

코로나 시대에 명품 소비로 백화점 매출이 올라갔는데 이런 현상은 여러 가지로 해석이 가능하다. 일단 해외여행을 가지 못하니 면세점에 갈 수 없고 백화점에서 구매해야 했다. 그 밖에도 해외여행을 못 가는 스트레스를 명품 소비로 해소한 부분도 있다. 공간을 소비하지 못하면 물건을 소비하게 된다. 한동안 명품 가방을 소비하는 것보다는 도쿄 뒷골목에 가서 우동 먹는 사진을 찍어서 인스타그램에 올리는 것이 유행했던 시절이 있었다. 인스타그램에 사진을 노출하는 것이 자신을 과시하는 가장 효과적인 방법이기 때문이다. 물건 소비 대신 공간을 소비하는 것이 코로나 이전의 소비 패턴이었다. 그런데 코로나로 인해서 공간을 소비하지 못하게 되니 다시 물건 소비로 돌아가게 됐다.

도쿄나 파리의 뒷골목에서 찍은 사진이 매력적일 수 있었던 것은 가기 어려운 곳이어서다. 그곳에 가려면 국제선 비행기를 타야 하고, 비싼 호텔 숙박료를 지불해야만 소비할 수 있는 공간이었다. 전염병 때문에 해외에 못 나가게 되자 국내에 가기 힘든 공간이 인기를 끌고 있다. 코로나 시대에 값비싼 독채 펜션은 몇 달치 예약이 끝나 있을 정도로 성황이다. 해외에 가지 못하자 국내에서 가기 힘든 공간을 찾은 것이다. 5성급 프랜차이즈 호텔보다 독채 펜션이 더 인기 있는 이유는 두 가지다. 첫째, 다른 손님과 공용 공간을 함께 쓰지 않아서 전염병에 더 안전하다. 둘째, 대체 불가한 유일성이 있다. 프랜차이즈 호텔은 같은 모양의 방들이 수십 개에서 많게는 수백 개까지 있다. 이렇

코로나19가 전 세계로 퍼지기 전에는 사람들이
SNS에 해외여행 인증 사진을 올리곤 했다.

해외여행이 힘든 요즘은 국내의 독특한 장소(왼쪽 사진은 거제도에 위치한 펜션)에 간 사진이나
명품 소비로 자신을 드러낸다.

8장. 상업 시설의 위기와 진화

듯 생산 단가를 떨어뜨리기 위해 대량 생산된 표준 모델의 공간은 인스타그램에 올릴만한 가치가 없다. 대신 방이 대여섯 개만 있고 각각의 디자인이 다른 고급 팬션이 인스타그램에 올릴 만한 고유의 공간적 가치가 더 많다. '전염병으로부터 안전하고, 비싸서 가기 힘들고, 사진을 올렸을 때 다른 곳에서는 찾기 어려운 공간'을 만들면 여유 있는 소비자들은 선택한다.

사회적 거리두기를 할 때 사람들이 가장 분노했던 것은 카페에서 앉을 수 없게 한 시행령이다. 자신의 공간이 작았던 원룸에 사는 청년들은 몇 천원의 돈을 지불하고 공간을 빌려서 사용하며 공간의 부족분을 해결해 왔다. 그곳들이 막히자 이들이 이제 시간을 보낼 곳은 개인 SNS 공간만 남았고, 인터넷 가상공간에서 시간을 더 보내게 되었다. 반면 사회적 거리두기를 할 때 경제적으로 여유가 있는 사람들은 자신들만의 공간을 만들었다. 9시 이후 식당 영업이 금지되자 이들은 자신들만의 아지트를 만들어서 그곳에서 친구들을 만났다. 최고의 플렉스는 '공간 플렉스'다. 명품은 수백, 수천만 원의 돈이 들어가지만, 공간은 수천만 원의 보증금 혹은 수억의 공사비가 들어가기 때문이다. 코로나 이전부터 혼자 혹은 친구들과 함께 집 이외의 취미 공간을 만드는 유행이 시작됐는데 이러한 현상은 전염병이 일상화되면 여유 있는 사람들을 중심으로 더 활발해질 것이다.

맛집 앞에 줄을 서는 이유

줄 서서 들어가는 맛집에 사람들이 더 모이는 이유는 뭘까? 모든 사람은 태어남과 동시에 시간과 공간의 제약을 받는다. 사람들이 경제적으로 여유가 생길수록 공간적인 자유는 늘어난다. 더 큰 집을 갖게 되고, 더 다양한 여행지를 누릴 수 있다. 하지만 시간은 누구에게나 제한적이다. 맛집에 가려면 줄을 서서 기다리는 시간을 써야 한다. 회장님은 큰 집과 요트는 가질 수 있어도, 맛집에서 먹으려면 남들과 똑같이 줄을 서야 한다. 그런데 그분들은 그럴 시간이 없다. 그런데 돈은 부족해도 시간이 많은 사람은 그 시간을 사용해 특별한 사진을 찍을 수 있다. 그리고 그 사진으로 인터넷 SNS 공간에 회장님은 만들 수 없는 나만의 공간을 만들 수 있다.

줄을 서서 기다리는 맛집. 시간을 들여 기다려야만 먹을 수 있다는 특별함 때문에 사람들은 SNS 공간에 이런 사진을 올린다.

8장. 상업 시설의 위기와 진화

시간을 사용하여 특별한 경험을 할 수 있게 해 준다면 그 공간은 포스트 코로나 시대에도 살아남는 공간이 될 것이다. 그 대표적인 예가 '힙지로' 공간이다. 을지로라는 낡은 도심 속 슬럼가에 젊은이들만 가는 카페와 와인바가 있다. 이곳이 힙한 이유는 아는 사람만 갈 수 있기 때문이다. 이들 가게는 간판도 없이 숨겨져 있기 때문에 SNS를 통해서 정보에 접속한 사람만 갈 수 있다. 어떤 가게는 가게 문이 자동판매기로 되어 있어서 모르는 사람은 가게 문인 줄 모르고 그냥 지나친다. 이런 공간은 돈이 많아도 SNS를 통해서 정보를 구할 수 없는 기성세대들은 갈 수 없다. 젊은 세대들은 어른들과 함께 있는 공간 속에서 자신들만의 세계를 만들기 위해서 그들끼리만 알아듣는 줄임말 은어를 사용한다. 비밀스러운 언어 소통을 통해서 그들만의 세계를 만드는 방식이다. 마찬가지로 힙지로는 SNS 속에 그들끼리만 구할 수 있는 정보로 임대료가 저렴한 도심 속 버려진 공간에 그들만의 공간을 구축한 것이다. 힙지로의 공간처럼 일부러 정보를 찾고 먼 길을 찾아서 가야 하는 공간들은 특별한 공간적 체험을 줄 뿐만 아니라 가게를 찾아가는 여정 자체가 스토리가 된다. 특별한 공간 체험은 그대로 사진으로 남아서 나의 SNS 공간을 꾸미는 특별한 디지털 벽돌이 된다. 그런 가치를 제공해 줄 수 있는 상업 시설은 지금도 성장하고 있다.

한약방을 콘셉트로 한 을지로의 커피 전문점. 레트로의 유행으로 오래된 느낌의 인테리어와 장소가
젊은이들의 인기를 얻고 있다.

가게 문이 자동판매기로 되어 있는
을지로의 한 가게

　　　　　　　　　　　　　　　　　　　　　8장. 상업 시설의 위기와 진화

줄어드는 오피스 공간

2018년 기준으로 전 세계 클라우드 시장의 32퍼센트가량은 아마존이, 18퍼센트가량은 마이크로소프트가, 2퍼센트는 구글이 차지하고 있다. 전 세계 클라우드 시장의 절반 이상을 미국 기업 세 개가 차지하고 있는 실정이다. 왜 굴지의 미국 IT 기업들이 클라우드 비즈니스에 돈을 쏟아 붓고 있을까? 클라우드 비즈니스는 전 세계를 상대로하는 새로운 형태의 부동산 사업이기 때문이다. 정보화 시대에 기술이 발달할수록 오피스 업무의 점점 더 많은 부분이 컴퓨터 서버로 들어간다. 책상 위의 많은 서류가 이미 컴퓨터 하드디스크 안으로 들어갔다. 그리고 점점 더 많은 회사가 오피스 내 하드디스크에 저장하기보다는 클라우드에 저장한다. 오피스의 오프라인 공간이 사이버 공간으로 들어가고 있는 것이다. 오피스 공간은 이렇게 클라우드 서비스로 대체되고 있다.

점점 더 많은 회사가 클라우드 서비스를 이용하는 이유는 자사에 데이터 서버를 구축하고 유지하는 것이 클라우드 서비스를 이용하는 것보다 비용이 많이 들기 때문이다. 예를 들어서 인터넷 쇼핑몰을 운영하는 회사가 있다고 치자. 그 회사는 추석이나 크리스마스 때 수요가 평소보다 몇 배가 올라간다. 그렇다고 추석 시즌에 맞추어서 서버를 구축하면 일 년 중 대부분의 시간은 노는 서버가 많아진다. 마치 평소에는 2백 명의 직원이면 충분한데 추석 때 1천 명이 필요해서 사무실을 1천 명 기준으로 마련해 놓으면 일 년 중 대부분의 시간 동안 80퍼센트의 사무실이 텅 비어 있는 데도 임대료는 다 내야 하는 상황과 비슷하다. 회사 입장에서는 추석 한 달간만 사무 공간을 추가로 빌리고 싶을 것이다. 그런 단기 임대 방식이 클라우드 서비스다. 아마존 같은 거대 기업이 땅값이 저렴한 지역에 거대한 서버를 구축하고 그보다 작은 회사들에게 서버를 임대해 주는 방식이다. 쉽게 말해서 전 세계 오피스의 서류 저장 공간과 서버실 임대 사업을 다국적 기업 두세 군데가 다 한다고 보면 된다. 엄청난 사업이다. 인터넷의 속도가 빨라졌기 때문에 가능해진 사업이다. 교통 수단이 발달하면 시간 거리가 단축되고 공간의 의미가 바뀌듯이 인터넷 속도가 빨라지는 것 역시 공간의 의미를 바꾼다. 우리나라는 다국적 클라우드 사업을 하는 기업은 없지만 대신에 클라우드 기업들이 사이버 오피스 공간을 짓는 데 필요한 반도체라는 건축 자재를 납품해서 돈을 번다. 클라우드 기업이 가상공간 부동산 건축업자라면 삼성전자와 SK하이닉스 같은 반도체 회사는 가상공간 건축 자재상이다.

재택근무와 클라우드 서비스 같은 디지털 기술의 발전은 도시 내 사무 공간의 연면적 수요를 줄이고 있다. 지금까지는 도시 어느 곳에서나 출퇴근이 가까운 도시 중심부에 중심 상업지구(CBD)가 들어가 있고 그 공간은 주로 고층 건물로 지어져서 고밀화되어 있었다. 그런데 포스트 코로나 시대에는 여러 개로 분산된 거점 오피스, 공용 오피스, 재택근무 때문에 중심 상업 지구의 수요가 줄어들 거고 도심 오피스 건물의 공실률은 높아질 것이다. 기존 CBD의 문제는 '도심 공동화' 현상이었다. 퇴근 후가 되면 도심의 중앙이 유령 도시처럼 텅 비는 현상을 말한다. 그런 문제가 있음에도 불구하고 이런 CBD 내 건물 소유를 포기하지 못했던 이유는 돈을 쉽게 벌 수 있어서였다. 도심 속의 현대식 건물은 단위 면적당 임대료를 가장 높게 받을 수 있는 방식이다. 사람들은 주거 월세를 내는 것은 낭비라고 생각하지만 회사 사무실 월세를 내는 것은 아까워하지 않는다. 사무실 공간을 월세로 하는 이유는 우선 가족 구성 수는 수십 년 동안 변화가 거의 없었지만, 사무실 인원은 계속 변하기 때문에 변화에 쉽게 적응하기 위해서다. 그리고 가장 큰 이유는 사옥을 소유하기 힘들기 때문이다. 특히나 도심의 좋은 곳에 위치한 고층 건물을 소유하기란 대기업을 제외하고는 거의 불가능하다. 그러다 보니 기업의 위상을 드러낼 만한 건물의 좋은 층에 임대하는 것이 가장 합리적인 선택이 된다. 그런 회사들이 모여서 CBD를 구성하고 있다. 그런데 전체적으로 오피스의 소비가 줄어들고 부도심들이 활성화되면 CBD 내 상업 시설은 비게 될 수 있다. 이렇게 비게 된 중심 상업 시설은 주거로 바뀌는 것이 바람직하다. 도심 속 건물이 주거로 바뀌면 공동화 현상도 사라지게 되고, 도심 속 치안에도 도움이 되며, 출퇴근 교통량도 줄일 수 있다.

폭이 넓은 상업, 폭이 좁은 주거

그런데 대형 오피스 건물을 주거로 바꾸는 데는 건축적으로 어려움이 하나 있다. 상업 시설의 빌딩은 폭이 넓은데 주거 시설은 폭이 좁아야 한다는 점이다. 예를 들어서 종로에 있는 빌딩을 보면 중앙에 수직 이동을 위해서 공용으로 사용하는 엘리베이터와 계단실이 있고 좌우로 평면이 들어간다. 보통 한쪽 사무실의 폭은 큰 빌딩의 경우 15미터가량 된다. 중앙에 있는 엘리베이터와 계단실까지 포함하면 30미터가 넘는다. 그런데 일반적인 아파트의 경우는 폭이 10미터 정도다. 우리나라 아파트의 폭이 좁은 이유는 맞통풍을 하기 위해서다. 보통 방 하나의 폭이 3미터에서 4미터 정도인데, 앞뒤로 배치했을 경우 폭이 실내 복도 포함 10미터고, 발코니를 포함해도 13미터 이내의 경우가 대부분이다. 그래야 두 개의 방에 모두 자연 채광이 되는 창문을 배치할 수 있기 때문이다. 그런데 도심 속 대형 오피스 빌딩의 경우 폭이 두껍고 그것도 한쪽 면은 벽으로 둘러싸인 엘리베이터와 계단실에 면하고 있기 때문에 주거를 배치하게 되면 안쪽으로 창문이 없는 방이 생긴다. 보통 주상복합 아파트의 경우 이렇게 창문이 없는 안쪽으로는 화장실이나 부엌 등을 위치시켜서 기계를 이용해 강제 환기를 시키는데, 환기나 채광 면에서 바람직한 디자인은 아니다.

오피스 건물은 폭이 너무 넓다 보니 작은 방으로 나누었을 경우 창문이 없는 방이 많이 만들어질 수 있다. 이 문제를 건축적으로 해결하려면 방을 크게 만드는 방법밖에는 없다. 향후 폭이 넓은 오피스 빌딩은 넓은 고급 주거로 변형해서 사용하는 것이 낫다. 그렇지 못하면 건

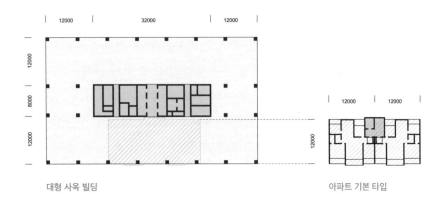

대형 사옥 빌딩   아파트 기본 타입

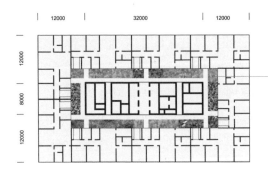

사옥을 주거로 변경시킨 계획안.
창문이 없는 안쪽에 실내 농장을 적용하고 바깥쪽 창 쪽으로
주거를 배치했다.

물주들은 사업성을 높이기 위해 더 작은 단위의 세대로 쪼개어서 월세를 받으려 할 것이다. 세대의 크기를 작게 할수록 월세 수익성이 좋아지기 때문이다. 현재 서울에서 단위 면적당 월세가 가장 높은 주거는 타워팰리스가 아니라 을지로 쪽방촌이다. 대형 빌딩에 소규모 세대가 만들어지면 창문이 없는 고시원 같은 방을 많이 만드는 쪽으로 리모델링하게 될 것이다. 때문에 최소한의 주거 환경을 확보하기 위해서 창문 없는 방은 주거 용도로 사용하는 것을 금지하는 법적 장치가 필요하다. 혹은 햇볕이 들지 않는 내부 중심부 주변으로 실내 농장을 만들고 바깥쪽으로 주거를 배치하는 방식도 있다. 향후 여러가지 창의적 리모델링 아이디어가 필요하다.

왼쪽 아래 그림의 초록색 부분은 위 사진과 같은 실내 농장을 의미한다.

8장. 상업 시설의 위기와 진화

9장.

청년의 집은
어디에 있는가

홍길동 vs 세종대왕

포스트 코로나 시대에도 집값 이슈는 계속될 것이다. 부와 권력의 분배와 사회 문제는 어느 시대에나 있을 것이기 때문이다. 이번 장에서는 주거 문제에서 가장 취약한 계층이라고 생각되는 청년들의 주거 문제, 특히 '소유냐 공유냐'의 이슈에 대해서 이야기해 보고자 한다. 어느 나라나 사회 내 빈부 격차가 큰 문제로 떠오르고 있다. 영화 <기생충>이 전 세계적으로 지지를 얻은 이유도 사회 계층의 문제는 모든 국가의 보편적 문제로 떠오르고 있기 때문이다. 토마 피케티의 저서 『자본과 이데올로기』에 의하면 소련 붕괴 이후 전 세계적으로 사회 내에서 부의 쏠림 현상이 심해졌고, 경제적으로 하위 50퍼센트의 사람들이 차지하는 돈이 점점 줄어들고 있다고 말한다. 이런 배경에서 강력한 세금 정책을 통해 부를 재분배하겠다는 생각은 경제적 어려움에 처한 많은 사람에게 지지를 받고 있다.

경제적으로 어려운 사람이 많아지고 사회가 제대로 된 비전을 제시해 주지 못할 때 탄생하는 캐릭터가 '홍길동'이다. 탐관오리를 징계하고 곳간을 헐어서 가난한 국민에게 나누어 주는 캐릭터가 지지를 받는다. 또한 일자리 창출을 위해 공무원 수를 늘리고 계약직을 정규직으로 전환시켜 주는 정치가들이 인기를 얻는다. 간과해선 안 되는 점은 이 과정에서 나눠 주는 자가 권력을 갖게 된다는 사실이다. 정치가는 국민의 세금으로 자신의 인기와 권력을 만든다. 홍길동 같은 정치가가 많다는 것은 경제가 성장하지 못하고 계층 간 이동 사다리가 없다는 반증이기도 하다. 1970년대에 등장한 아파트는 사회 계층 간 이

9장. 청년의 집은 어디에 있는가

동 사다리 역할을 했다. 아파트를 사는 것은 지주가 되고 중산층이 되는 길이었다. 지금의 젊은 세대에게는 그런 사다리가 없으니 비트코인에 몰리고 동학 개미가 되고 주식 양도세에 분노하는 것이다.

부와 권력의 공정 분배를 위해 다른 방식을 채택한 사람도 있다. 세종대왕은 조선 시대 부와 권력 불균형의 원인을 '문맹'에서 찾았다. 세종대왕은 대다수 백성이 부와 권력을 가질 수 없었던 것은 한자가 어려워서 교육의 문턱이 높았기 때문이라고 판단했다. 그래서 한글을 창제하여 누구나 쉽게 글을 읽고 쓸 수 있는 시스템을 만들었다. 백성에게 물고기를 나누어 주는 대신 물고기 잡는 방법을 가르쳐 준 것이다. 그런데 안타깝게도 한글의 열매는 대한민국 건국 이후에나 취할 수 있었다. 쉬운 한글 덕분에 우리나라는 전 세계에서 문맹률이 가장 낮고, 균등한 교육의 기회를 통해서 사회 계층 간 이동 사다리를 만들 수 있었다. 물고기를 잡는 법뿐 아니라, 물고기가 많은 곳으로 국민을 인도하는 것도 정부의 중요한 역할이다. 새로운 산업 생태계를 만들어야 한다는 의미다. 포항제철을 만들어서 자동차 산업과 조선 산업의 기틀을 만든 일이라든지, 전국에 아스팔트 도로망을 구축해서 자동차 산업을 만든 일을 예로 들 수 있다.

지난 몇 년간 도시 재생 측면에서 특이할 만한 것은 익선동의 부상이었다. 별것도 없는 낡은 도심 속 단층 건물 지역에 젊은이들이 새로운 가게를 창업했고 사람들이 모였다. 그럴 수 있었던 이유는 좁은 골목길이라는 독특한 공간 체험뿐 아니라 그곳에서는 적은 돈으로 창업이 가능했기 때문이다. 적은 돈으로 창업할 수 있게 되면 자연스럽게

익선동 골목(위)과 골목 안 한 가게. 지붕이 없던 한옥 마당에 투명한 천장을 덮어 하늘이 보이는 실내 공간을 만들었다.

9장. 청년의 집은 어디에 있는가

좁은 면적에 밀도 높은 다양성이 만들어지고 조금만 걸어도 다양한 체험을 할 수 있는 좋은 도시가 된다.

약간의 리모델링만으로 창업이 가능했던 이유는 무엇일까? 익선동 주택의 마당을 투명한 천장으로 덮고 실내로 바꾸어 사용한 불법 증축을 구청에서 적당히 눈감아 줬기 때문이다. 홍대 앞의 경우도 마찬가지였다. 다른 말로, 정부가 규제를 줄였더니 알아서 잘됐다는 이야기다. 시대에 뒤떨어진 원칙을 고집하면 공무원은 열심히 일하고도 도시의 진화와 발전을 방해하게 된다. 정부가 세금으로 낡은 건물을 리모델링해서 창업 지원 센터를 만들어 젊은이들이 공짜로 사용하게 해 준다고 창업이 되는 것은 아니다. 소프트웨어를 바꾸어 민간 자본이 투자되게 하는 것이 한 수 위 방법이다. 적은 돈으로 창업이 가능한 세상을 만들 행정 소프트웨어로 업데이트해야 한다. 그래야 다양성이 만들어지고 경쟁을 통해 우수한 DNA가 살아남기 때문이다.

건축계의 노벨상이라 불리는 프리츠커상을 우리나라는 하나도 수상하지 못했는데 이웃 나라 일본은 여섯 차례 수상했다. 그 이유는 다른 데 있지 않다. 우리나라는 3,000세대의 주거를 한 개의 대형 회사가 아파트 단지를 설계해서 공급하는 데 반해, 일본은 지진 때문에 고층 아파트보다는 지진의 흔들림에 강한 저층형의 목조 주택을 많이 짓기 때문이다. 3,000세대의 목조 주택은 3,000명의 다양한 건축주와 300개의 건축 설계 사무소가 협업해서 다양성을 만들어 낸다. 건축가 입장에서 보면 일본은 우리나라보다 사무실을 창업할 기회가 300배나 높은 것이다. 창업의 문턱이 낮으니 다양성이 만들어지고

아파트 위주의 한국(위)과 주택 위주의 일본. 일본에서는 창의적이고 독특한 형태의 주택들이 계속 시도되고 있다.

9장. 청년의 집은 어디에 있는가

다양한 업체들이 공정한 경쟁을 통해서 성장한다. 건축의 다양성과 경쟁력이라는 면에서 한국은 일본에 한참 뒤처져 있다.

제대로 된 도시 발전을 위해서 필요하다면 용적률은 유지하더라도 건폐율은 완화하고 주차장법을 바꿔도 된다. 모든 법은 그 시대의 필요에 의해서 만들어진 소프트웨어일 뿐이다. 소프트웨어는 업그레이드되어야 한다. 그린 뉴딜도, 더 나은 주택 공급을 만드는 일도 세금을 쏟아 부으면서 단발성으로 그치기보다는 민간 자본이 투자될 수 있는 소프트웨어로 행정과 법규를 업그레이드할 필요가 있다. 우리나라 정치 지도자 중 홍길동은 이미 많다. 이제는 시스템을 업그레이드할 수 있는 세종대왕들이 필요하다.

21세기 소작농: 월세

미국에서 직장 생활을 할 때 유대인 동료가 알려 준 이야기다. 많은 유대인이 아이가 태어나면 금반지 같은 현물 대신 현금을 모아서 아이 이름으로 펀드에 투자하고, 장성해서 결혼할 때 그 돈을 종잣돈 삼아 집을 구매한다. 미국은 집값의 10퍼센트 정도만 있으면 대출을 받아 살 수 있다. 당시 좋은 집은 50만 불, 우리나라 돈으로 5억 정도 했었으니 5천만 원만 있으면 집을 사고 사회생활을 시작할 수 있었다. 그 동료는 종잣돈으로 집을 사고 매달 월세를 내는 대신 은행 대출을 갚아 나갔다. 반면 나는 계약금 5천만 원이 없어서 월세를 전전했다. 당시 나는 월급의 절반 정도를 월세로 내야 뉴욕 근교에서 생활이 가능했다. 그렇게 7년을 살았다. 월세가 1백만 원 조금 넘었으니 84개월 동안 지출한 월세가 1억 가까이 된다. 만약에 내가 집을 사고 시작했다면 1억은 나의 자산으로 남았을 것이다. 반면 유대인 친구가 구입한 주택은 가격이 계속 올랐다. 나와 그 친구는 같이 시작했지만 부의 격차는 점점 더 커졌다. 월세로 산다는 것은 그런 것이다. 월세로 사는 것은 내 부동산 자산이 만들어지는 것이 아닌, 내 노동의 대가가 사라지는 것을 말한다. 대신 그 돈은 부동산을 소유한 누군가의 자산으로 축적된다. 월세는 21세기에 존재하는 새로운 형태의 소작농이다. 사람들은 임대 주택에서 월세로 살면서 돈을 모아 나중에 집을 사면 되지 않느냐고 말하는데, 문제는 집값이 계속 올라간다는 것이다. 정부는 매년 최소 2퍼센트 이상의 경제 성장을 목표로 노력한다. 통화량이 많아지니 인플레이션은 계속되고, 돈의 가치는 점점 떨어진다. 같은 돈을 은행에 저금해 놓으면 돈의 가치는 점점 떨어진다. 반면 부동산은 유한한 자산이기 때문에 돈의 가치가 떨어지면 집 값은 오른다. 부동산 버블이 없다고 하더라도 가만히 있어도 매년 집 값이 올라가는 것은 당연한 이치다. 내가 만약에 2퍼센트의 경제 성 장률보다 빠르게 월급을 모을 수 있다면 나중에 집을 살 수 있을 것 이다. 그런데 내가 돈을 모으는 속도보다 집값이 더 빠르게 오른다면 영원히 내 집 마련은 힘들다. 실제로 지난 수십 년간의 부동산 자산 가격을 보면 경제 성장률보다 더 빠르게 상승하고 있다. 연봉과 집값 상승은 눈사람과 같다.

어렸을 때 눈사람을 만들었던 적이 있다. 나는 눈을 뭉쳐서 눈이 쌓인 골목길에서 굴리기 시작했다. 내 친구는 연탄을 하나 가져와서 굴렸다. 둘의 눈사람 크기 차이는 시간이 지날수록 커졌다. 이유가 뭘 까? 처음에 시작한 크기가 달라서다. 연탄은 집이고 내가 굴린 작은 눈뭉치는 내 월급이다. 내 연봉은 3000만 원인데 1년에 연봉이 10퍼 센트 올랐다고 치자. 1년 후 내 연봉은 3300만 원이 됐다. 그런데 같 은 시간 3억짜리 집은 인플레이션이 2퍼센트만 돼도 집값이 2퍼센트 오른 3억 600만 원이다. 그 다음에 내 연봉은 3630만 원이 되지만, 집값은 3억 1200만 원이 된다. 내 연봉을 모아서 집을 사기에는 집값 이 더 멀어졌다. 임대주택에 살면서 월급을 모아도 집을 사기 어려운 이유다. 정상적 경제 환경에서 더 빨리 집을 사려 할수록 집을 살 수 있는 확률이 높아지는 이유다. 그렇다고 2021년의 집값이 정상이라 는 얘기는 아니다. 그리고 지금 당장 집을 사야 한다는 것도 아니다. 내가 하려는 이야기는 정상적인 경제 상황에서 건강한 중산층을 더 많이 만들기 위해서는 청년에게 임대주택을 공급하는 대신 부족하더 라도 가급적 빨리 주택을 소유할 수 있게 해 줘야 한다는 것이다.

플랫폼 비즈니스 같은 부동산

자동차는 사는 동시에 가치가 떨어진다. 오늘 새 차를 뽑으면 그 다음 날 수백만 원이 떨어진다. 반대로 부동산은 올라간다. 화폐 가치가 떨어지면 유한한 자원인 부동산의 가치는 반대로 올라간다는 이유도 있지만, 부동산 가격이 오르는 이유는 그 부동산 주변에 다른 편의시설들이 들어서면서 시너지 효과가 생기기 때문이기도 하다. 예를 들어서 1970년대 압구정동에 현대아파트가 지어졌다. 이후 1980년대에 성수대교와 동호대교가 만들어지고 지하철 3호선 압구정역이 생겼고 올림픽대로가 개통되면서 접근성이 좋아졌다. 그리고 근처에 로데오 거리가 생겼다. 1990년대 한강시민공원이 더욱 좋아졌고, 신사동 가로수길이 생겼다. 2000년대에는 CGV 극장도 만들어졌다. 1970년대에 지어진 현대아파트는 그대로지만 주변에 각종 인프라와 편의시설들이 들어서면서 관계를 맺기 시작했다. 그러한 관계는 시간이 지날수록 점점 더 늘어난다. 그러면서 똑같은 현대아파트지만 그 가치는 점점 올라간다. 이렇게 주변과 관계를 맺는 숫자에 의해서 가치가 결정되는 자산이 있다. 바로 플랫폼 비즈니스다. 네이버나 구글 같은 검색 플랫폼 비즈니스는 그 사이트에 연결된 다른 사이트들이 늘어날수록 그 가치가 커진다. 부동산이라는 공간은 플랫폼 비즈니스 같은 성격을 가지고 있어서 시간이 지날수록 주변과 관계가 늘어나고 그럴수록 가격이 오른다. 서울과 수도권의 경우 일자리의 기회가 많다 보니 인구가 계속해서 유입된다. 인구가 늘어나면 각종 편의시설들이 생겨나고 정부는 인프라 시설을 확충한다. 그러니 확률적으로 중심부의 집값은 계속 오르게 될 가능성이 높다.

정부와 대자본가만 지주가 되는 세상

매년 경제 성장을 목표로 움직여서 인플레이션 되는 자본주의 경제에선 부동산을 소유하지 못하면 계속 뒤처지게 된다. 반대로 부동산 자산을 소유하면 경제 성장의 열매를 나눠 가질 수 있다. 우리 부모 세대의 경우가 그랬다. 베이비붐 세대가 돈을 번 이유는 1970년대에 집을 구매하고 국가 경제가 성장하면서 매년 10퍼센트 이상의 인플레이션이 되자 덩달아 집값이 올라가서 큰 자산이 된 것이다. 이때 대출을 끼고 더 비싼 집을 산 사람은 더 큰 이익을 봤다. 이것을 '투기'고 나쁜 행동이라고 말하는 사람이 있다. 하지만 그렇게 말하는 사람 중에 돈이 있어도 집을 사지 않은 사람이 있나 확인해 보기 바란다.

나는 수십 채의 집을 소유해서 집값을 올리는 행동을 지지하는 것은 아니다. 나와 내 가족이 쉴 수 있는 한 채의 집을 소유할 것이냐 임대로 살 것이냐를 말하고 있는 것이다. 우리는 현상을 현상 그대로 냉정하게 볼 필요가 있다. 현상을 이해하기 전에 도덕적 잣대를 들이대고 옳고 그름을 먼저 따지는 자세는 위험하다. 옳고 그름의 윤리적 판단은 시간이 지나 객관적 시각을 가진 후에 자신이 주체적으로 해야 한다. 사실을 냉정하게 보기 이전에 성급하게 윤리적으로 옳고 그름을 판단하는 것은 선입견을 만들고 감정에 휘둘리기 쉽다. 무엇보다 위험한 것은 옳고 그름의 판단을 대신해 주는 누군가에게 조종될 가능성이 많다는 점이다. 마녀사냥이나 인민재판이 대표적인 사례다. 결국 그런 윤리적 판단을 내렸던 종교계와 공산당만 권력을 갖게 되는 세상이 됐고 다수의 일반인들은 자신이 조종되고 있다는 사실 조차 모르고 권력에 착취당하는 세상이 되었다.

집을 소유한다는 것은 사회적, 경제적으로 또 다른 의미를 가진다. 부동산을 소유한다는 것은 땅을 소유한 사람, 즉 지주가 된다는 것을 의미한다. 1970년대에 아파트를 산다는 것은 땅문서를 소유하는 것이다. 월세로 사는 것이 소작농의 삶이라면 아파트를 사는 것은 지주가 되는 것이었다. 1960년대까지 우리나라 주택은 주로 단층짜리 집이었다. 그러다가 1970년대에 들어서면서 1층 위의 허공에 아파트를 짓기 시작하면서 국가의 부동산 자산 총량은 늘어났고, 공급이 늘어나자 이전보다 더 많은 사람이 공간이라는 부동산을 소유할 가능성이 높아졌다. 아파트를 지어서 주택을 공급해 소유하게 한 것은 모든 국민을 지주로 만드는 혁명이었다. 남의 것을 빼앗아서 나눠 주는 식의 피의 혁명이 아니라, 기술을 통해서 없던 자산을 창조해서 나누었던 진짜 혁명이었다. 실제로 현재 개발도상국에서는 경제 발전과 사회 안전이라는 두 마리 토끼를 잡기 위해서 1970년대 우리나라의 아파트 조달 방식을 벤치마킹하고 있다. 조선 시대에는 몇 퍼센트의 양반만 부동산을 소유한 지주였지만 1970~1980년대 대한민국에는 아파트 덕분에 다수의 지주 중산층이 생겨났고 근대화에 성공했다.

그런데 만약에 청년들의 주거를 임대 주택 중심으로 공급한다면 어떤 일이 일어날까? 청년 임대 주택에서 편하게 월세로 살던 청년이 장년이 되면 그때는 이미 집값이 너무 올라서 주택 구입을 포기할 가능성이 높다. 그리고 이들은 또 다른 임대 주택을 정치가에게 구걸하게 될 것이다. 경제적 자립이 어려워지고 정부와 정치가에게 더 의존적인 사람으로 남아 있게 된다. 정치가에게 의존하는 국민이 늘어나는 상황을 좋아하는 정치인도 있을 것이다. 그런 정치가에게는 표를 얻을 수 있는 상황만 중요하기 때문이다. 물론 최저 소득층을 위해서는 임대 주택 공급을 늘려 나가야 한다. 국민 중 일부는 집을 살 능력도 안 되고, 사고 싶어 하지 않는 사람들도 있을 것이다. 하지만 근본적으로 우리는 국민들이 주택을 소유하게 해 줘야 한다. 이유는 간단하다. 많은 국민이 부동산을 소유하지 못하면 결국 부동산 자산은 정부 아니면 대자본가들만 소유하게 될 것이기 때문이다. 이는 조선 시대로의 회귀다.

주택에서 정부 소유의 임대 주택 비중이 커지면 어떤 결과가 나타날까? 임대 주택에 사는 사람들은 정부에 대한 의존도가 높아지고 그럴수록 정치가의 힘이 커지게 된다. 전체 주택 중에서 임대 주택의 비중이 커질수록 정치가는 국민의 세금으로 권력을 휘두르는 지주가 된다. 그리고 그 정치가들은 자기 입맛에 맞게 권력을 넘겨주려 할 것이다. 이것은 정치권력의 속성이다. 점점 더 많은 국민이 국가 소유의 임대 주택에 살게 되는 것은 점점 더 많은 권력을 정치가에게 넘겨주는 일이다. 이들은 이렇게 말한다. "정부가 국민 여러분을 월세 주택에서 안정적으로 살 수 있게 해 드리겠습니다. 당신은 이제 집주인에게 쫓겨날 걱정이 없습니다. 비싼 집을 사려고 노력하지 않아도 됩니다." 좋은 말이다. 하지만 이는 저소득층에 해당되어야 하는 말이다. 중산층을 위해서는 집값을 떨어뜨려서 집을 소유할 수 있게 해 줘야 한다. 그런 의미에서 정부가 주택 공급을 늘리겠다는 대책은 반가운 소식이다. 단 LH 같은 공공 기관에 의해서만이 아니라 공공과 민간이 함께 개발한다면 좋겠다. 공공 임대 주택만 늘려 가는 세상에서는 정부가 집주인이 된다. 그러면 사람들은 생각할 것이다. '정부는 국민이 주인인 단체이니 우리는 우리 집에서 사는 것이 아니겠는가?' 그렇지 않다. 실제로는 정치가가 집주인이 되는 것이다. 정부의 부동산 소유 비중이 높을수록 그 국가는 독재 국가가 될 가능성이 높다.

어느 한 집단이 너무 많은 부를 소유하게 되면 부패하게 된다. 정부도 예외일 수 없다. 토마 피케티의 저서 『자본과 이데올로기』에 의하면 과거 중세 시대 때 유럽의 전체 부, 즉 부동산과 동산 포함 모든 경제적 자본의 3분의 1이 교회 소유였다고 한다. 엄청난 부의 집중이다. 중세 시대 때 교회 권력이 부패할 수밖에 없었던 이유다. 우리는 그때를 암흑시대라고 부른다. 흥미로운 점은 현시대에 중국 정부가 소유하고 있는 부가 중국 전체 부의 3분의 1이라는 점이다. 책에서 언급된 이 데이터를 통해서 왜 중국 정부가 그렇게 부패했는지 알 수 있다. 역사를 보면 농경 사회가 시작된 이후 어느 사회건 자본주의의 경제 원리가 적용되지 않았던 시절은 없다. 때에 따라서 정치적인 사회주의는 있었지만 돈에 대해서는 동서고금을 막론하고 이기적인 인간에 의해서 같은 원리로 움직였다. 어느 사회에서건 부는 곧 권력이다. 어느 특정 집단에 부가 모인다면 결국은 권력이 한쪽으로 몰리고, 권력이 한쪽으로 몰리면 부패하게 되어 있다. 그래서 과거에 많은 정치가가 재벌을 견제해야 한다고 역설하지 않았던가. 그런데 일부 정치가들은 부를 정부에 집중시켜서 본인들이 재벌이 되려고 하는 모습을 보인다. 시대와 상황에 따라서 얼굴만 달라질 뿐 인간의 욕심은 똑같다. 그 사이에서 국민은 정신을 차려야 한다. 특히 젊음 말고는 가진 것이 없는 청년 세대일수록 더 그렇다.

9장. 청년의 집은 어디에 있는가

악당과 위선자의 시대

돈이 많은 자본가는 또 다른 꿈을 꾸고 있다. 모든 국민을 자신의 소비자로 만들려는 꿈이다. 말이 소비자지 또 다른 형태의 소작농이다. 밀레니얼 세대들을 대표하는 현상으로 '공유 경제'를 꼽는다. 공유 경제는 "당신은 소유할 필요가 없고 소비만 하면 된다."라고 말한다. 엄청 생각해 주는 것처럼 들린다. 셰어하우스를 짓는 사람들은 이렇게 말한다. "당신은 집을 사느라고 돈을 모을 필요가 없다. 그냥 빌려서 사용하면 된다. 원하는 곳에 여행을 가서 풀 빌라를 빌려서 멋지게 살아라. 집은 우리 회사가 멋지게 인테리어한 셰어하우스에서 살면 된다. 단 더 좋은 거실과 부엌을 즐길 수 있게 부엌과 거실은 공용으로 쓰고 쉴 때는 네 작은 방에서 쉬면 된다." 그런데 이런 집의 월세를 보면 깜짝 놀라지 않을 수 없다. 적게는 백만 원 정도고, 의사 같은 고소득 전문직을 대상으로 한 셰어하우스는 빨래, 청소, 아침 식사 등의 서비스를 포함해서 삼사백만 원까지 한다. 결혼을 하지 않는 싱글들이 또래의 비슷한 사람들과 가족 같은 분위기를 느낄 수도 있고 미국 시트콤 같은 분위기를 꿈꾸면서 이런 곳을 선택할 수 있다. 그런데 미안한 이야기지만 현실은 좀 다르다. 셰어하우스에서 계속 사는 것은 성실한 소작농이 되는 일이다. 저렴한 가격의 셰어하우스도 마찬가지다. 공유 주택이나 공유 오피스를 좋게만 보기는 힘들다. 오피스가 위워크WeWork 같은 공유 오피스로 대체된다면 결국 위워크가 임대 사업의 대부분을 차지하는 공룡이 되는 것이다. 과거에는 여러 명의 빌딩 주인이 나눠 갖던 부가 위워크라는 다국적 기업에 집중되는 것이다. 마찬가지로 여러 명의 주인으로 나누어서 소유되던 집이 몇몇 셰어하우스 브랜드 기업으로 집중된다면 결코 바람직하지 않다. 자본주의 경제에서 주택을 소유하지 못한 사람은 부동산과 동산 두 가지 자본의 날개 중 한 개의 날개로만 날려고 노력하는 것과 같다. 대한민국 사회에서 청년들은 부동산 날개가 잘렸으니, 비트코인과 동학개미 주식만이 탈출구로 남은 것이 현실이다.

집값이 폭등하고 은행 대출 없이 집을 사야 하는 세상이 되면 두 집단은 좋아한다. 바로 대자본가와 정치가들이다. 빈부 격차가 커질수록 자본가는 자본의 집중을 얻게 되고, 정치가는 집을 소유할 수 없어서 임대 주택을 구걸하는 표밭을 얻게 되기 때문이다. 우리는 악당을 잡으면 세상이 좋아진다고 믿지만 실제로 세상에는 악당과 그 악당을 손가락질하면서 그 상황을 통해서 자신의 권력과 이익을 챙기는 위선자가 있음을 알아야 한다. 악당과 위선자 사이에서 국민은 정신을 차려야 한다. 이기적인 인간이 만드는 사회에서 권력은 쪼개서 나눠 가질수록 정의에 가까워진다. 돈은 권력이다. 따라서 부동산 자산은 권력이다. 부동산이 정부나 대자본가에 집중되기보다는 더 많은 사람이 나누어서 소유할 수 있는 사회가 더 정의로운 사회다. 내 아이를 위해서 거대 권력을 가진 정치가나 기업가가 착하기를 기대하기보다는 부동산 자산이 나누어진 사회를 만들어 물려주고 싶다.

경계부를 점차 내려야 한다

앞으로도 계속 주택을 사고 싶지 않은 사람도 있고 능력이 안 되는 계층도 늘 존재할 것이다. 특히 쪽방촌에 사는 분들의 주거 환경은 참담하다. 청년들의 고시원도 마찬가지다. 그래서 그들을 위해서 일정 수준 이상의 임대 주택은 계속 공급해야 한다. 한 사람이 수도권 내에 많은 주택을 소유해서 집값을 계속 올리는 일을 막기 위한 적절한 규제나 세금 정책도 필요하다. 현재 집값이 많이 오른 문제는 상당 부분 '전세 대출' 제도와 인구론에 근거한 잘못된 부동산 예측 때문이기도 하다. 십 년 전 몇몇 전문가들이 인구가 늘지 않기 때문에 대한민국의 집값은 떨어질 거라는 예측을 계속 내놓았다. 사람들은 집값이 떨어지기를 기대하고 전세로 계속 살았다. 때마침 전세 대출이라는 제도가 생겨서 이를 이용했다. 전세 수요는 커지고 전세금은 대출되니 전세금은 계속 올랐다. 정부는 집값을 잡기 위해서 주택 구매 시 대출의 비율을 줄여 나갔다. 반면 상대적으로 전세 대출은 좀 더 쉽게 받을 수 있었다. 그러다 보니 돈이 부족한 사람들은 더욱 더 전세 대출을 받아서 전세로 들어갔고, 전세가는 점점 올랐다. 이때 집값이 오를 거라고 예상한 사람들 중 여유 자금이 있는 사람들은 전세 끼고 집을 사는 소위 '갭투자'를 했다. 그러자 점점 더 집값이 올랐다. 그러다가 최근 들어서 공황 구매(패닉 바잉)가 시작되었다. 그렇다면 과연 정말 필요한 사람이 집을 소유하게 하는 방법은 무엇일까?

우선 공급을 통해서 집값을 안정시켜야 한다. 그러고 난 다음에 차차 청년들의 주택 자가 비율을 높여 나가야 한다. 국민 모두가 한 번에 주택을 소유하게 할 수는 없다. 그렇다면 주택을 소유할 수 있는 경계부의 더 많은 사람이 집을 소유할 수 있도록 정책을 만들면 된다. 국민은 세 종류로 나뉜다. 집을 소유한 사람, 집을 소유하지 못하고 앞으로도 안 살 사람, 집을 소유하지 못했으나 소유하고 싶은 사람. 우리는 세 번째 부류인 지금은 집을 소유하지 못했으나 소유하고 싶은 사람에 주목해야 한다. 중요한 것은 이 경계부의 사람들이다.

주택 소유자와 비소유자의 경계선을 위로 올라가게 해서 더 많은 사람이 월세로 살게 할 것이냐, 아니면 반대로 밑으로 내려가게 해서 더 많은 사람이 주택을 소유하게 할 것이냐의 문제다. 그럼 어떻게 집값을 떨어뜨려서 주택을 소유하게 할까? 우선 공급을 늘리면 된다. 공급 이야기가 나오면 아무리 집을 공급해도 소수의 사람이 집을 많이 사서 집값이 안 잡힌다고 말하는 사람이 많다. 맞는 말이다. 그렇기 때문에 각종 세금 정책 등이 동반되어야 한다. 그러나 공급 없이 세금 정책만으로는 지금의 집값 문제가 해결되지 않을 것이다. 왜냐하면 우리나라의 소득 수준이 너무 높아져서 지금 있는 집 중에는 소비자의 눈높이에 맞지 않는 것들이 대부분이기 때문이다. 실질적으로는 멸실되어야 마땅한 집이 많아서 업그레이드가 필요한 시점이다. 혹자는 그렇게 말한다. 지금도 비싼데 더 좋게 만들면 빈익빈 부익부가 더 커지지 않겠냐고. 물론 그런 우려를 할 수도 있다. 하지만 생각해 보자. 좋은 주거를 만들지 않는다고 집값이 떨어질까? 아니면 반대로 좋은 집이 없으니 허접한 집조차도 비싸지는 걸까? 나는 후자라고 생각한다. 내가 보기에 지금의 집값은 '어떻게 저렇게 안 좋은 집이 저렇게 비쌀 수가 있지'라는 생각이 드는 게 대부분이다. 역설적으로 양질의 주거를 대량으로 공급한다면 다른 집값은 제자리를 찾아갈 수도 있다. 우선 현재 우리나라 주거의 수준과 공급 현황에 대해서 살펴보자.

인구수보다는 세대수

지난 50년간 국민 1인당 점유 주거의 실내 면적은 증가했다. 냉장고와 가스레인지는 커졌고, 방마다 침대가 들어가고, 식탁, 옷, 신발이 늘어났다. 물건이 많아지면서 좁아진 집은 발코니 확장으로 커버했다. 또 다른 중요한 변화는 1인 가구의 증가다. 주택 수요는 인구보다 가구 수가 결정한다. 1인 가구는 30퍼센트인 614만 가구, 2인 가구는 28퍼센트가량인 566만 가구, 3인 가구는 20퍼센트인 421만 가구, 4인 가구는 16퍼센트인 330만 가구, 5인 이상 가구는 5퍼센트인 101만 가구다. 대한민국의 총 가구 수는 대략 2000만 가구 정도인데 2018년 통계청이 발표한 전국 총 주택 수는 1763만호 정도다. 수요에 비해서 공급이 부족하니 주택 가격이 오르는 것은 당연하다.

주택이 부족한 이유는 일이인 가구가 늘어났기 때문이다. 5천만 인구가 모두 4인 가족으로 산다면 집이 1250만 호 필요하겠지만, 우리나라의 표준 라이프의 모습이라고 말하는 4인 가족은 현재 16퍼센트밖에 되지 않는다. 그런데도 아직까지 주택 시장에서는 4인 가족 중심으로 85제곱미터(약 26평)의 평형대를 주로 공급하고 있다. 실제로 필요한 것은 일이인 가구를 위한 아파트인데, 일이인 가구에 맞는 아파트의 공급이 적으니 가격은 오르고 결국 이들은 주로 오피스텔, 원룸, 셰어하우스, 고시원을 전전한다. 원룸이 첫 번째 사다리 칸이고 4인 가족을 위한 85제곱미터 아파트가 사다리의 세 번째 칸이라면 두 번째 사다리 칸이 비어 있는 것이나 마찬가지다. 일이인 가구에 맞게 개발된 새로운 평면도의 소형 아파트의 대량 공급이 필요하다.

9장. 청년의 집은 어디에 있는가

5인가구 이상
5%
(101만 가구)

1인가구
30%
(614만 가구)

4인가구
16%
(330만 가구)

3인가구
20%
(421만 가구)

2인가구
28%
(566만 가구)

서울시는 지난 십 년 동안 재건축 시 임대 주택을 포함시키면 인센티브를 주는 정책을 폈다. 그런데 정작 주택 소유자들은 임대 주택이 들어가면 자신들의 집값이 떨어진다며 임대 주택을 넣지 않고 재건축 시 세대수가 늘지 않는 1 대 1 재건축을 추구했다. 그나마 1 대 1 재건축도 각종 규제로 이루지 못하는 실정이다. 우리는 30평 아파트 2세대를 부수고 30평 1채와 15평 2채를 지어서 3세대를 만들어야 한다. 더 나아가 용적률을 올려서 세대수를 더 늘려야 한다. 그래야 집값이 떨어진다. 그것도 소득 3만 달러 시대에 맞는 수준의 발코니도 있고 일인당 점유 면적이 적절한, 시장이 원하는 아파트를 개발해야 한다. 시장과 싸우지 말고 시장을 이용해야 한다. 우리는 지난 10년간 도시와 주거를 업그레이드하는 우리 세대의 책임을 다하지 않았다.

프루이트 아이고 vs 강남

우리가 사는 '아파트'라는 형식은 1920년대 독일 출신 건축가 힐버자이머가 만든 개념이다. 그가 구상한 미래 주거는 지금 우리가 사는 판상형 아파트와 똑같은 모양이다. 미국 세인트루이스는 늘어나는 인구와 주택 수요에 맞추기 위해서 슬럼가를 재개발해서 새로운 주거 단지를 구상했는데, 이때 힐버자이머의 아파트 개념을 도입해 '프루이트 아이고'를 만들었다. 1951년 현상 설계를 통해서 건축가 미노루 야마사키의 디자인이 선정됐고 33개 동의 11층 높이 아파트가 1954년 완공되었다. 총 2,762세대, 1만 2천 명의 사람이 살 수 있는 대규모 현대식 아파트로, 단지 내에는 아이들을 위한 놀이터도 만들었다. 이상적인 주거로 평가받았던 이 아파트는 그해 미국건축가협회상도 받았다. 그런데 3년 후 이 아파트 단지는 살인, 방화, 마약 밀매가 성행하는 슬럼가가 되었다. 시는 어쩔 수 없이 1972년 아파트 33개 동을 폭파해서 없애 버렸다. 반면 우리나라는 같은 디자인의 판상형 아파트를 서울 강남에 지었다. 시간이 흐른 지금 강남의 아파트는 부의 상징이 되었다. 같은 디자인임에도 불구하고 반대의 결과가 나온 이유는 무엇일까?

프루이트 아이고의 실패는 여러 가지로 설명된다. 인구가 늘어날 거라고 예측했던 것과는 달리 백인들이 교외로 이사를 가서 도시 인구가 줄었고, 그러다 보니 프루이트 아이고 거주자의 98퍼센트는 가난한 흑인으로만 구성됐다. 실제로 집은 입주율이 60퍼센트를 넘은 적이 없을 정도로 빈 집이 많았고, 거주자 외의 외지인들이 마약 밀매

9장. 청년의 집은 어디에 있는가

의 장소로 이용하게 되었다. 그런데 운영자인 시는 관리비를 줄이기 위해 관리를 따로 하지 않았고, 건물이 노후화되자 점점 더 슬럼화가 가속화되었다. 개인주의가 강한 서구 사회는 여러 명이 모여 사는 아파트보다는 단독 주택을 선호한다는 문화적 차이도 있었다.

하지만 강남 아파트와 프루이트 아이고 아파트의 가장 결정적인 차이는 '소유'와 '임대'의 차이에 있다. 임대 주택인 프루이트 아이고의 당시 입주자들과 인터뷰한 다큐멘터리를 보면 그곳에 사는 사람들은 누구 할 것 없이 돈을 벌면 떠날 생각만 했다고 말한다. 공동체에 대한 애착이 없는 것이다. 그렇게 된 이유는 이웃에 대한 존중이 없기 때문이다. 같이 사는 이웃에게 존중이 없다는 것은 같은 장소에 있는 나에 대한 자존감도 그만큼 없다는 것을 뜻한다. 기본적으로 이웃을 존중하지 않는 곳에서는 올바른 공동체가 형성될 수 없다.

현재 우리나라에도 임대 주택을 짓고 그 집에 당첨된 사람은 5년 후에 분양받을 수 있는 제도가 있다. 그런데 이 제도에는 두 가지 의문점이 든다. 첫째, 지금 집을 못 산 사람이 5년 후에 월급을 모아서 집을 살 수 있을까? 둘째, 천우신조로 집을 샀다 하더라도 과연 이런 임대 주택에 당첨된 사람이 전체 청년 인구의 몇 퍼센트나 차지하게 될까?

이런 제도는 정치가 입장에서 두 가지 전략이 된다. 첫째, 정부(정치가)는 청년의 주거 소유를 위해 열심히 일한다는 모습을 보여준다. 둘째, 이렇게 운 좋게 당첨돼서 집을 소유하게 된 사람은 그 정치가의 열렬한 추종자가 된다. 사실 정부가 주택을 직접 공급해서 해결하려는 사회보다는 시장 원리에 의해서 국민이 직접 적절하게 공급할 수 있게 정부가 소프트웨어를 구축하는 것이 좋은 사회 아닐

프루이트 아이고가 폭파되는 모습

9장. 청년의 집은 어디에 있는가

프루이트 아이고(위)와 강남의 아파트

까? 정의로운 정부가 직접 돈을 거둬서, 직접 집을 지어서 주겠다는 것은 일종의 '홍길동 콤플렉스'다. 물론 시장 경제의 폐해를 막기 위한 제도적 보완도 필요하고, 적절한 홍길동 행동은 필요하겠지만 부동산이라는 거대 시장을 홍길동 공공 기관으로만 해결하겠다는 것은 권력과 정보의 집중을 만들고 권력과 정보의 집중은 또 다른 부패를 만든다. 지난 5년간 LH는 120조가 넘는 부채가 있었음에도 직원 수는 6천 명에서 9천 명으로 늘었고 꾸준히 신도시와 그린벨트를 풀어서 주택 문제를 공공 중심으로 해결하려고 했다. 그 부작용은 LH 직원 투기 사건으로 알 수 있다.

동서양 문화 차이를 떠나서 임대 주택에 사는 사람들은 자기 동네에 대한 애착이나 이웃에 대한 존중이 집을 소유하고 있는 동네보다 낮을 수밖에 없다. 정책 입안자들은 제발 이러한 근본적인 본능과 싸우지 않았으면 좋겠다. 그렇다면 저소득층 사람들에게 어떻게 하면 집을 소유하게 할 것인가? 그런 방법이 있기는 한가? 칠레의 저소득층을 위한 주거인 '엘레멘털Elemental'이 그 가능성을 보여 주고 있다.

칠레의 저소득층 주택 정책

2016년 건축계의 노벨상이라 불리는 프리츠커상은 상을 수상하기에는 젊은 나이인 40대 후반의 칠레 건축가 알레한드로 아라베나에게 돌아갔다. 그가 디자인한 저소득층을 위한 주거 '엘레멘털'의 아이디어는 독특하다. 저소득층은 돈이 없기 때문에 비싼 집을 살 수 없다. 그런 사람들을 위해서 그는 집을 절반만 지어서 분양했다. 절반 정도 지어진 건축물의 대부분이 외장 마감재도 없고 인테리어도 전혀 하지 않은 껍데기 상태에서 집을 분양했다. 이렇게 해서 집을 마련한 사람은 입주 후 돈을 벌면서 점점 자신의 집을 완성해 나갔다. 시간이 지나서 아이가 태어나면 방을 하나 더 증축하기도 했다. 돈을 벌면 내 집 앞에 울타리도 치고 꽃밭도 가꾸었다. 몇 년의 시간이 흐르자 각각의 집들은 각기 다른 모습으로 완성되었다. 동네는 더욱 살기 좋은 동네가 되었고 집값이 오른 만큼 입주자의 자산으로 남게 되었다. 훗날 그 집을 팔고 더 좋은 동네로 이사를 갈 수도 있을 것이다. 중요한 것은 이곳의 공동체는 살 만한 곳으로 성장했다는 점이다. 동네에 대한 애착이 있고 이웃에 대한 존중이 있기에 가능한 일이다. 이러한 선순환의 시작은 집을 소유한 데부터 시작한다.

건강한 사회는 집을 소유하려는 의지가 강한 사람들에게 집을 소유할 수 있는 기회를 만들어 주는 사회다. 그런데 보통 이런 사람들은 시작할 수 있는 자본이 없다. 그런 사람들을 위해서 새로운 대출 제도가 필요할 것이다. 최근 들어서 개인의 성향을 빅데이터를 통해 조사하고 소액 대출을 해 주는 핀테크가 있다. 이러한 시스템을 이용해서 여러 가지로 다양한 대출 제도를 만들 수 있을 것이다. 싱가포

엘레멘털은 절반만 지어서 분양한 후 사는 사람들이 나머지를 완성해 나갔다. 왼쪽은 반만 지은 분양 시 모습이고, 오른쪽은 입주자가 나머지를 완성한 모습이다.

르는 국가의 주택을 추첨으로 받고 그 집값이 올랐을 경우에 팔아서 자신의 자본으로 축적할 수 있는 기회를 두 번까지 주는 제도를 시행하고 있다. 우리나라의 경우에는 집을 다시 정부에 되팔게 하는 제도를 통해서 개인이 부동산으로 부를 축적하지 못 하게 하고 있다. 두 나라의 상황이 다른 점은 있지만 청년 세대들이 부동산을 통해서 자본을 축척하는 길을 막는 것은 기성세대와 비교하면 공평한 상황은 아니다.

9장. 청년의 집은 어디에 있는가

집을 소유한 사람이 많은 사회가 그렇지 못한 사회보다 더 건전한 공동체를 만들 수 있다. 그렇게 단언할 수 있는 이유는 이미 소련, 북한, 동유럽의 사례를 경험해 본 바 인간은 그렇게 착하지 않기 때문이다. 인간이 무소유 하도록 정신을 개조하려는 시도는 석가모니부터 시작해서 최근의 법정 스님까지 수천 년간 여러 종교와 철학에서 시도해 왔다. 그래도 바뀌지 않는 게 인간이다. 역사상 특정 일부 시대에 다수가 꿈을 가지고 공유 사회를 만들어 보려고 했던 때가 있었다. 백 년 전 유행했던 사회주의 혁명이 그것이다. 그때에도 소수의 교활한 위선자는 다수의 선의를 이용해 권력을 독점해서 독재자가 되었고 세상은 더 힘들어졌다. 지금도 그런 일이 세계 곳곳에서 벌어지고 있고 앞으로도 그럴 것이다. 그런 사회가 되지 않게 젊은 세대를 포함해서 더 많은 사람이 부동산이라는 권력을 나누어서 소유하게 할 시스템을 만들어야 한다. 작더라도 내 집을 소유한다는 것은 경제적 자주와 독립을 이루는 확실한 방법이다. 비록 대출이 끼어 있더라도 말이다.

이 말은 부동산 가격이 급등한 시장에서도 무리해서 집을 사라는 의미는 아니다. 집값이 올랐으니 주택 구입을 포기하고 임대 주택만이 유일한 방법이라고 생각하지 않았으면 좋겠다는 이야기다. 우리는 여러 가지 방법을 통해 집값을 안정화시켜서 청년들이 집을 소유할 수 있는 사회를 만들어야 한다. 국가나 민족의 자주와 독립을 강조하면서도 개인의 자주와 독립은 중요하게 생각하지 않고 심지어 바라지 않는 자들도 있다. 원래 국민, 민주, 정의, 민족 같은 거대한 담론을 이야기하는 자들 중에 자신의 권력보다 개인을 위하는 사람은 적은 법이다. 주택 소유를 통해서 더 많은 청년 개개인이 경제적으로 독립할 수 있을 때 바람직한 사회가 만들어질 가능성이 높을 것이다.

10장.

국토
균형 발전을
만드는
방법

화폐가 된 아파트

우리나라 국민의 절반 이상은 아파트에 살고 있고, 아파트 디자인도 거의 똑같은 모양을 하고 있다. 85제곱미터로 제한해 놓은 중산층의 주거 형태는 방 세 개가 있는 똑같은 모양의 집이다. 내 집이나 친구의 집이나 다 똑같다 보니 내 집의 가치 판단 기준이 집값밖에 남지 않는다. 이것이 가장 심각한 문제다. 획일화가 되면 가치 판단의 기준은 정량화된다. 그래서 우리나라는 집값, 성적, 연봉, 키, 체중 같은 정량화된 지표로 사람들을 평가한다. 우리나라 중산층의 기준은 5천만 원 이상의 연봉에 30평형대 이상의 아파트를 소유하고 있고, 2천 시시(cc)이상의 중형차를 끄는 것이다. 모든 기준이 정량화된 지표다. 반면에 프랑스 같은 경우에는 중산층의 기준이 나만의 독특한 맛을 낼 줄 아는 요리를 할 수 있다, 즐기는 스포츠가 있다, 다룰 줄 아는 악기가 있다, 외국어를 할 수 있다 같은 정성적定性的 기준들이다. 이렇게 가치관의 차이가 나는 이유는 우리나라의 라이프 스타일이 전체주의적이라 부를 만큼 획일화되어 있기 때문이다. 정량적 가치관으로 행복을 측정하는 나라에서는 극소수의 사람만이 행복할 수 있다.

집의 모양이 어디를 가나 똑같은 아파트이기 때문에 생겨나는 우리나라만의 독특한 현상이 있다. 바로 아파트가 화폐화된다는 점이다. 지갑에 들어 있는 오만 원권 지폐에는 신사임당이 그려져 있다. 같은 모양의 종이돈은 부산에 가도 있고, 광주에 가도 있고, 전국 어디서나 똑같은 모양이다. 그렇기 때문에 우리는 어디를 가더라도 같은 모양의 돈을 교환하면서 경제적 활동을 한다. 아파트도 마찬가지다. 모양

10장. 국토 균형 발전을 만드는 방법

화폐 같은 기능을 하게 돼 버린 우리나라의 아파트

이 똑같기 때문에 가치를 판단하기 쉽고 환금성이 좋다. 똑같은 모양의 아파트는 마치 거액의 자기앞 수표와도 같다. 상황이 이렇다 보니 나만의 집과 공간으로 나의 개성을 드러내기보다는 액수나 평형으로만 집을 평가하게 되었다.

젊은 직원 중에 추석 때가 되면 시골집에 내려가는 대신 템플스테이를 하는 친구가 있었다. 왜 그러냐고 물어보니 집에 내려가면 어른들이 언제 결혼할 거냐고 물어보기 때문이라고 했다. 우리나라 어른들은 30세가 넘었는데 결혼을 안 하면 큰일 난 것처럼 생각하는 분이 많다. 그런 어른들은 이듬해에 결혼해서 내려가면 아이는 언제 가질 거냐고 물어보신다. 그리고 그 이듬해에 아이를 낳아서 데리고 내려가면 둘째는 언제 가질 거냐고 물어보신다. 우리 부모님이 그러셨다. 이 세대의 어른들 머릿속에는 '둘만 낳아 잘 기르자'라는 표어가 각인돼 있어서다. '삶이란 자고로 때 되면 결혼해서 아이 둘 낳고 30평대 아파트에서 살아야 하는 것'이라고 생각하는 분들이다. 나만의 라이프 스타일을 찾을 수 없는 사회다 보니 불행한 사람이 늘어날 수밖에 없다. 사람의 성향은 모두 다른데, 모든 사람이 하나의 라이프 스타일에 끼워 맞춰서 살아야 하기 때문이다. 만약에 우리 사회에서 추구되는 삶의 형식이 10가지가 된다면 행복한 사람이 10배 늘어날 것이다. 100가지가 되면 100배 늘어날 것이다. 추구하는 삶의 다양성을 키워 가는 것이 소득 3만 달러를 넘긴 우리 사회에 필요한 덕목이다. 다양성을 키워 가는 데 가장 쉬운 방법은 주거 형태의 다양성을 키우는 것이다. 사람을 바꾸는 것보다는 물건을 바꾸는 것이 훨씬 더 쉽기 때문이다. 그렇다면 우리의 주거에서 디자인의 다양성은 어떻게 만들어야 할까? 가장 쉬운 것은 아파트 디자인을 다양하게 하면 된다.

서울 한강 전망 vs 뉴욕 허드슨강 전망

마블 코믹스는 등장인물 히어로가 수십 명이 나오는 <어벤져스: 엔드게임>으로 역대 최대 흥행작을 탄생시켰다. 관객들은 다양한 능력과 단점을 가진 히어로들이 문제를 겪으면서 성장하고 힘을 합쳐서 악당을 물리치는 스토리에 열광했다. 반면 DC 코믹스는 이를 흉내 내서 여섯 명이 나오는 <저스티스 리그>를 만들었지만 실패했다. 이유는 악당을 슈퍼맨 혼자 다 해치우는 영화였기 때문이다. 이 시대는 혼자 다 하는 단조로운 시대가 아니다. 대중은 다양한 요소들이 조화를 이루는 것을 보고 싶어 한다. 다양성 추구는 인간의 본능일 것이다. 우리는 보통 나와 반대되는 성향의 이성에게 매력을 느낀다. 다양한 유전자의 융합으로 만들어진 후손이 더 강한 생존력과 면역 체계를 가질 수 있기 때문이다.

불규칙 정도를 말하는 프랙털 지수라는 것이 있다. 하얀 종이 같은 완전한 규칙의 상태를 프랙털 지수 1로 본다. 그 위에 검정 볼펜으로 낙서를 하기 시작하면 점점 불규칙성이 늘어나면서 프랙털 지수가 커진다. 낙서가 심해져 완전히 검정색 바탕으로 되면 프랙털 지수는 2가 된다. 인간이 아름다움을 느끼는 수준은 프랙털 지수 1.4 수준이라고 한다. 완전한 규칙도 아니고 완전한 불규칙도 아닌 적당한 불규칙에서 아름다움을 느낀다. 숲은 나뭇가지의 모양이 제각각이다. 하지만 모든 나뭇가지는 위로 갈수록 가늘어지는 규칙이 있고 나뭇잎은 모양은 달라도 색상은 녹색으로 통일되어 있다. 불규칙 속에 전체를 아우르는 규칙이 있는 것이다. 그래서 인간은 자연을 아름답다고 느낀다.

두 개의 사진이 있다. 하나는 서울 강북에서 강남을 바라본 강변 풍경이다. 똑같은 모습의 20여 층짜리 아파트가 수 킬로미터에 걸쳐 병풍처럼 펼쳐져 있다. 다른 사진은 뉴저지에서 허드슨강 건너편에 있는 뉴욕을 바라본 풍경이다. 각기 다른 높이와 모양의 빌딩들이 조화를 이루며 제각각 서 있다. 이런 뉴욕의 풍경을 보기 위해 전 세계에서 관광객들이 온다. 맨해튼의 강변 풍경이 멋있는 이유는 다양성이 만드는 적절한 불규칙성을 보여 주기 때문이다. 대부분의 빌딩이 세로로 긴 수직형 건물이라는 통일성은 있지만 그 안에서 모양과 색상이 적절하게 다양하다. 반면 잠실 아파트 단지가 아름답지 않은 이유는 하나의 설계 사무소가 수천 세대의 아파트 단지를 설계했기 때문이다. 높이도 천편일률적이다. 12층이 제한이면 12층으로, 35층이 제한이면 모두 35층으로 짓는다. 만들어진 풍경이 깍두기 머리 같다. 지루하고, 아름답지 않게 느낄 수밖에 없다. 새롭게 만들어지는 아파트는 높이도 다양하고 저층형은 저층대로 특색이 있고 고층은 고층만의 장점이 있는 디자인의 다양성을 추구해야 할 것이다.

몇 년 전 주요 건설사 아파트 평면도를 새롭게 개발하는 프로젝트를 한 적이 있다. 이때 새롭게 만든 평면도와 기존 평면도의 선호도를 조사하는 설문조사를 했다. 새로운 평면도는 49퍼센트의 지지를 받았고, 기존 평면도는 51퍼센트의 지지를 받았다. 나 같은 경영자였다면 49퍼센트의 소비자를 위한 블루오션으로 뛰어들었을 것이다. 49퍼센트의 소비자가 원하지만 시장에는 그런 제품이 없기 때문이다. 그런데 건설사 임원은 위험성을 낮추기 위해서 51퍼센트의 평면도를 선호했다. 이것이 우리의 아파트가 점점 더 비슷해져 가는 이유다. 우

10장. 국토 균형 발전을 만드는 방법

한강(위)과 뉴욕 허드슨강 풍경

리나라 아파트 디자인의 의사 결정은 대형 건설사 상무들이 한다. 그
들은 짧은 임기 중에 위험을 감수하고 싶어 하지 않는다. 자연스레
모든 디자인은 점점 비슷한 형태로 수렴된다. 공급자의 수가 적고 규
모가 대형화되면 주거의 형태도 단순해진다.

만약에 한강변의 아파트 단지가 조금 더 다양한 디자인이었다면 우리 도시의 경관은 이렇게 이상하지 않았을 거다. 그런 다양한 아파트 디자인을 만드는 것이 어려운 문제도 아니다. 한 개의 아파트 단지는 보통 30개 정도의 동으로 구성된다. 이때 단지 전체의 마스터 플랜은 한 개의 회사가 디자인하고, 이후 3개 동씩 나누어서 열 개의 프로젝트로 나눈 후 각기 다른 회사가 구체적인 디자인을 하면 된다. 그렇게 되면 단지 내 같은 평형대의 아파트들도 다른 평면도가 나올 것이고 입면 디자인과 재료도 다르게 디자인된다. 어디는 복층이 있고, 어디는 발코니가 좋고, 어디는 예쁜 벽돌 마감의 아파트가 나올 것이다. 그런 모습이 조화를 이룬다면 우리는 각자의 집에 더 큰 자부심을 가지고 살 수 있을 거다. 또한 도시의 모습도 훨씬 아름다워질 수 있다. 더 많은 건축가가 경쟁적으로 좋은 디자인을 만들려고 노력도 할 것이다. 지금처럼 LH에서 퇴사한 직원을 임원으로 영입해서 공공주택 프로젝트를 따내려고 로비하지도 않을 것이다. 설계 사무소들이 수백 명씩 몸집을 키워서 다양한 출신 학교로 직원을 구성하고, 출신 학교 교수님을 찾아뵙고 공모전 심사에 대해서 청탁하는 일도 없어질 것이다. 우리나라에 있는 대형 설계 사무소들은 세계적으로 일하는 해외사보다도 더 많은 직원을 두고 있다. 국토도 좁고 해외 일도 적게 하는데도 그렇게 조직이 큰 이유는 발주되는 아파트 단지의 규모가 너무 크고 로비를 심하게 해야 하는 공모전 심사 제도 때문이다. 이런 소수의 비대한 조직은 다양성을 만들기에 적합하지 않다.

짝퉁 도시의 양산

다양성이 없는 것은 비단 아파트 디자인만의 문제는 아니다. 우리나라에 새롭게 만들어지는 도시 전체가 가지고 있는 문제이기도 하다. 강남 개발 이후에 만들어진 대부분의 도시들은 구분이 가지 않는다. 분당, 판교, 일산, 세종, 송도 거의 모두 비슷한 모양을 띠고 있어서 사진상으로는 구분이 가지 않는다. 이유는 대부분의 신도시들은 LH에서 도시 설계를 하고 엔지니어 회사에서 토지 이용 계획도를 그리는데, 같은 방식으로 계속 반복해서 일을 하다 보니 똑같은 도시밖에 나오지 않는 것이다. 물론 여러 가지 다양한 방식으로 공모전을 통해서 새로운 아이디어를 도입하려고 노력하고 있다. 하지만 워낙에 많은 규칙과 관행이 있기 때문에 진정한 의미의 새로운 도시는 나오기 힘들다. 실례로, 세종시의 경우 공모전을 통해서 혁신적인 도넛 모양의 도시 설계가 나왔다. 그런데 그 디자인을 실행하는 과정에서 다른 도시와 똑같아지게 되었다. 세종시를 보면 도대체 어떤 부분 때문에 혁신 도시라고 하는지 이해가 되지 않는다. 내 눈에는 어디를 가나 자동차를 타고 가야 하는 엄청나게 높은 아파트만 많은, 그냥 지방 도시일 뿐이었다. 대한민국 역사상 가장 야심차게 만들어진 혁신 도시가 이 정도니 다른 곳은 말할 필요도 없다.

이렇게 지방에 만들어지는 신도시들이 모두 강남을 롤 모델로 하면 결과는 어떻게 될까? 지방 도시는 강남의 짝퉁이 돼 버리고, 거기서 돈을 번 사람들은 오리지널인 강남 아파트를 더 사고 싶게 된다. 그래서 지방에서 돈을 번 사람들은 너도 나도 강남 아파트를 사려고 한다. 서울의 집중화는 지방의 개성이 없어진 탓도 있다.

그렇다면 이런 문제를 어떻게 해결할 수 있을까? 역시 답은 다양성에 있다. 서울이 고밀화된 뉴욕 같은 도시라면, 세종시는 확연히 다른 샌프란시스코 같은 도시로 만들었어야 한다. 샌프란시스코는 캘리포니아의 따뜻한 날씨와 노면 전차가 만드는 풍경을 가지고 있어서 동부의 도시 뉴욕과는 확연히 다르다. 세종시를 만들 때 전혀 새로운 형식의 주거와 교육 환경을 만들어서 세종시에 사는 사람은 가치관부터가 서울과는 다른 도시를 만들었다면 좋았을 것이다. 뉴욕과 샌프란시스코는 기후와 지리적인 조건 자체가 워낙 달라서 쉽게 다른 형식과 디자인의 도시가 만들어졌다. 기후가 똑같은 우리나라의 경우에는 다르게 만들기 위해 더 큰 노력을 해야 한다.

좁은 땅이지만 도시 간 디자인이 완전히 다른 사례가 있다. 다름 아닌 이탈리아 도시국가들의 경우다. 우리와 비슷한 반도국가에 기후도 비슷하지만 이탈리아의 로마와 피렌체와 베네치아는 완전히 다른 도시다. 어떻게 이렇게 다른 도시가 만들어질 수 있었을까? 이유는 간단하다. 하나로 통일된 건축 법규가 없어서다. 이 도시들은 각각 구할 수 있는 건축 자재가 달랐고 그 지역에서 가능했던 건축 기술로 도시를 만들어야 했다. 당시에는 통일된 이탈리아가 아니어서 중앙 통제 없이 도시가 자생적으로 만들어지던 시절이었기에 가능했던 결과다. 우리나라는 지방 자치제를 도입하고 있다. 적어도 건축 법규적인 면에서는 지금보다 훨씬 더 많은 자치법을 인정해 주어야 새로운 도시들이 만들어질 것이다.

고대 로마의 수많은 유적들이 인상적인 로마(상), 주홍색 건물들과 도시를 가로지르는 아르노강이 기억에 남는
피렌체(중), 곤돌라와 수로로 유명한 물의 도시 베네치아. 도시국가였던 세 도시는 각각 다른 색을 가지고 있다.

다양성을 죽이는 심의와 사라져야 할 자문

다양성을 만들기 위해서 또 하나 개선되어야 하는 점은 셀 수 없이 많은 심의다. 아모레퍼시픽 사옥을 설계한 데이비드 치퍼필드라는 건축가가 있다. 건물을 항상 박스 형태로 짓는 건축가다. 이에 반대되는 스타일의 건축가는 동대문 DDP를 설계한 자하 하디드라는 건축가다. 자유분방한 곡선의 형태로 디자인을 하는 건축가다. 우리나라에서 일정 규모가 되는 건축을 할 때에는 허가 시 심의를 꼭 받아야 한다. 그런 과정 중에서 너무 많은 사람이 짧은 시간 고민도 없이 디자인을 평가하고 감 놔라 배 놔라 참견을 너무 많이 한다. 심의 시간은 완장을 찬 시간이다. 본인의 권력을 마음껏 누리면서 쉽게 여러 가지 의견을 내놓는다. 예를 들어서 치퍼필드 같은 디자인을 들고 갔는데, 하디드 같은 심의위원이 나오면 왜 이렇게 삭막하게 디자인했냐며 바꾸라고 한다. 하디드 같은 디자인을 해서 심의받으러 들어가면 치퍼필드 같은 심의위원이 와서 왜 이렇게 정신없이 디자인했냐면서 바꾸라고 한다. 결국에는 여러 심의위원의 말을 다 듣다 보면 디자인은 산으로 가거나 회색 지대에 머무르게 된다. 최악의 상황을 피하기 위해서 만들어진 심의 제도는 이처럼 오용되는 경우가 많다. 그렇다면 최악의 경우는 어떻게 피해야 할까? 애초에 제대로 된 건축가에게 프로젝트가 주어지면 된다. 우리나라는 최초의 선정은 이상하게 해놓고 나중에 고치려는 제도만 잔뜩 만들어 놓은 모양새다. 그렇게 탄생한 시스템이 '자문'이다.

동대문 DDP(위)와 아모레퍼시픽 사옥

개인적으로 내가 제일 싫어하는 것이 자문 부탁이다. 처음부터 제대로 된 건축가에게 일을 맡기고 그 다음에는 믿는 것이 옳다. 그런데 우리는 반대로 엉뚱한 건축가에게 일을 맡기고 그게 불안하니까 이 사람 저 사람에게 자문만 받는다. 자문이라는 것은 심히 모욕적인 요청이다. 자문을 해 줄 수 있는 사람은 아이디어로 먹고 사는 사람들이다. 교통비 정도를 주고 자문을 받으려 하는 사회는 기본적으로 지적 재산권에 대한 개념이 없는 저급한 사회다.

좋은 아이디어를 자문으로 해 주면 두 가지 문제가 생긴다. 첫째, 그 아이디어가 채택됐을 경우, 자문한 사람은 좋은 아이디어를 도둑맞는 것이다. 둘째, 그 아이디어가 채택이 안 됐을 경우, 시간 낭비만 한 셈이 된다. 이런 이야기를 하면 재능 기부 차원에서 사회를 위해서 해 달라고 말하는 사람들이 꼭 있다.

재능 기부는 사회 발전을 위해서 없어져야 한다. 재능은 기부하는 것이 아니라, 재능을 통해서 돈을 벌고 그 돈을 기부해야 하는 거다. 선배들이 재능 기부를 시작하면 이후에 재능 있는 후배들이 재능으로 먹고 살 수가 없어서 그 분야를 떠난다. 나는 그런 모습을 많이 보았다. 이름 있는 선배들이 설계비를 올려 받지 않고 부족한 돈은 따로 건설사에게 리베이트로 받거나 다른 방식으로 충당하는 것도 보았다. 이 선배들은 때로는 받은 돈보다 훨씬 많은 일을 해 주었다. 이를 통해서 더 많은 프로젝트를 수주하고 사회에서 존경받을지는 모르겠지만, 덕분에 후배들은 '너보다 유명한 건축가가 저 돈으로 이렇게 훌륭한 봉사를 하는데, 너는 뭔데 설계비가 이렇게 비싸냐?'라는 소리를 듣게 된다.

사회 발전을 위한 봉사는 무료로 일해 주는 것이 아니다. 정당한 보수를 받고 그 일의 질을 높이고 일의 결과물을 통해서 사회에 봉사해야 하는 것이다. 그래야 재능 있는 학생들이 그 분야로 더 들어오는 선순환이 된다. 그런데 그 반대로 하다 보니 재능 있는 동료들과 제자들이 하나둘씩 설계를 그만두고 떠난다. 나는 그렇게 건축 설계 분야를 떠나는 제자나 동료를 많이 보았다. 재능 기부를 하는 선배들은 시장을 교란하여 미래를 망치는 것이다. 이는 국가적으로 엄청난 손해다. 한국의 K-pop이 세계를 주름잡는 것은 롤모델이 될 만한 선배들이 있었기 때문이다. 그 모델은 다름 아닌 유명해지고 돈을 버는 모습이다. 그랬기에 지금도 땀 흘리고 연습실에서 시간을 보내는 후배들이 있는 거다. 우리 사회는 도덕성 경쟁을 그만두고 각 분야에서 실질적 경쟁을 만들어야 한다. 윤리 도덕만 강조하는 사회는 위선자들로 가득찬 사회를 만들 수 있다.

문화 강국은 지적 자산이 재산이 될 때 만들어지는 거다. 우리나라 건축 디자인이 선진국에 비해서 떨어진다고 생각하는가? 당연한 결과다. 우리가 언제 제대로 설계비에 투자한 적이 있었는지 자문해 봐야 한다. 이것은 비단 건축계만의 문제가 아니다. 컴퓨터 소프트웨어, 패션 디자인, 집필 등 창의적인 아이디어로 부가 가치를 만들어 내는 모든 분야에 해당되는 이야기다. 현실 비판은 그만하고 실질적으로 국토의 균형 개발을 위해 어떠한 해결책이 있는지 대전과 경기도 여주를 중심으로 살펴보자.

21세기형 스마트 타운

판교는 분당보다 강남에 더 가까운 장점이 있다. 이곳에 한껏 멋을 부린 대형 사옥들이 들어선 IT타운을 만들었는데, 정작 그곳에서 일하는 직원들은 회사가 판교를 떠나 성수동 같은 구도심으로 이사 가기를 바란다고 한다. 젊은이들은 왜 판교보다 성수동을 선호할까? 일단 판교의 사옥은 출근해서 사원증 찍고 사무실에 들어가면 건물에서 나올 일이 없다. 건물은 여러 개 층으로 나눠져 있어서 층층의 사람들은 단절되어 있다. 사람들은 엘리베이터를 타고 다른 층에 가서 이야기를 나누지는 않는다. 건물에 발코니나 테라스도 없어서 바깥 공기를 쐬려면 엘리베이터를 타고 내려와 현관을 나서야만 한다. 그나마 옥상을 개방한 건물은 사람들이 하늘을 보고 바람을 쐬러 옥상에 올라간다. 하지만 거기에는 같은 회사 직원들이 가득하다. 익명성이 확보되지 않으니 편히 쉴 수가 없다. 인간은 자연을 봐야 하며, 다양한 사람들 속에 섞여 숨어서 쉬어야 하는 존재다. 구내식당 밥보다는 골목길을 걷다가 골라 들어가 먹을 수 있는 식당을 선호한다. 그게 더 자기 주도적인 삶이기 때문이다. 그러면서 다양한 사람과 만나고 융합하게 된다.

판교에서는 각 회사원들이 자신의 사옥에 갇혀 있다. 대전 대덕연구단지도 마찬가지다. 그곳에는 거대한 연구소 건물이 평균 2킬로미터씩 떨어져 산에 박혀 있다. 이러한 곳에서 학제 간 융합은 일어날 수 없다. 융합은 연수원에 모여서 2박3일 워크숍을 한다고 생기는 것이 아니다. 융합은 한 공간에서 공통의 추억을 만들면서 자연스럽게 그

장소에 대한 '자부심'이 생겨날 때 만들어진다. 뉴요커라는 말이 있다. 뉴욕에 산다는 것 자체가 자랑스러워서 만들어진 말이다. 미국인들 중 뉴욕 출신의 친구들은 꼭 자신을 소개할 때 미국인이라고 하지 않고 뉴요커라고 설명한다. 그 정도는 되어야 성공한 지역이고 도시라고 할 수 있다.

'지식산업센터'라고 불리는 곳이 있는데, 그곳은 더 삭막하다. 구로디지털단지 등에 있는 이런 건물은 처음에는 '아파트형 공장'이라고 불렀다. 그런데 약삭빠른 개발업자들이 은근슬쩍 이름을 '지식산업센터'라는 지적인 이름으로 바꿨다. 그런데 막상 가 보면 그냥 닭장 같은 곳이다. 그런 곳에서 무슨 융합과 창의적인 생각이 나오겠는가? 파주 출판단지나 상암동 방송단지 같은 곳도 마찬가지다. 이런 곳은 전형적으로 '공단'을 만들던 사고방식으로 만든 것이다. 출판이나 방송은 사람이 사는 모습을 글과 영상으로 만드는 일이다. 그런데 정작 그것을 만드는 곳은 사람이 사는 도시에서 멀리 떨어진 외곽에 있다. 출판이나 방송을 하려면 책을 보관할 창고나 방송 장비 등을 놓을 자리가 크게 필요하니 널찍하고 저렴한 빈 땅에 만든 것인데, 이건 도시가 아니라 공단이다.

소제동 하드웨어 + 대덕연구단지 소프트웨어

젊은이들은 왜 성수동을 좋아할까? 그곳에는 그들이 체험해 보지 못한 공간이 있기 때문이다. 성수동은 예로부터 자동차 수리 공장 같은 크고 작은 공장이 위치한 곳이다. 이런 공장들은 넓은 공간이 필요하기 때문에 필지가 300평가량으로 나뉘어져 있고 기둥 사이의 간격도 넓고 천장고도 높다. 이러한 중간 크기의 공간은 서울의 다른 곳에서는 찾기 힘든 공간 구조다. 젊은이들은 대부분 아파트에서 태어나서 컸고, 집에서 나오면 아파트 사이의 넓은 공간에서 놀았다. 공간적으로 스몰 사이즈와 라지 사이즈만 경험한 것이다. 이전의 삼청동이나 익선동은 엑스스몰 사이즈의 공간을 체험하게 해 줘서 사람들이 많이 찾았다. 그러다가 성수동은 미디움 사이즈라는 또 다른 공간 체험을 제공해 준 것이다. 이렇듯 최근 들어 젊은이들이 찾는 곳은 특별한 공간적 체험을 제공하는 곳이다.

성공적이라고 하는 일본의 츠타야 서점은 아트 갤러리, 굿즈를 판매하는 곳, 카페나 바, 편의점 등을 만들어 자신들을 라이프 스타일과 공간을 판매하는 곳이라고 천명했다. 우리가 21세기형 기업을 위한 스마트타운을 만든다면 제대로 된 공간과 그 공간이 만드는, 이전에는 없던 라이프 스타일을 제공해 주어야 한다. 그래야 창의적인 사람들이 모이고 융합이 일어날 수 있다.

어느 제약회사에서 창의적인 사람의 특징을 조사했더니 우편배달부나 옆 부서 직원들과 쓸데없는 잡담을 많이 하는 사람이었다고 한다. 이처럼 다양한 사람과 편하게 이야기를 할 때 창의적인 생각이 떠오

성수동에 위치한 카페, 할아버지 공장. 중간 크기의 공간과 공장을 개조한 독특한 느낌을 체험할 수 있다.

른다. 창의적 융합이 일어나는 스마트타운을 만들려면 우연한 만남이 기분 좋게 일어나는 공간이어야 한다. 예를 들면 골목, 분위기 좋은 카페, 공원과 벤치, 도서관, 갤러리 같은 공간들이다. 이런 도시적 요소들이 사무 공간과 융합되어 있는 곳이 우리가 만들어야 할 다음 세대의 스마트기업타운이다.

그러기 위해서는 특별한 공간적 재료가 필요하다. 예를 들면 대전역 동측에 있는 소제동 같은 곳이다. 대전역 광장은 역의 서측에 위치한다. 그래서 반대쪽인 동측은 개발의 사각지대가 되었다. 그래서 이곳은 오래된 단층짜리 건물과 골목길이 그대로 남아 있어서 수십 년간 시간이 멈춘 것 같은 특별한 공간감을 제공한다. 마치 서울의 익선동

10장. 국토 균형 발전을 만드는 방법

같은 분위기를 가진 이곳은 지난 몇 년간 카페 등이 들어서면서 조금씩 바뀌고 있다. 하지만 동시에 대규모 아파트 재개발이 되고 있는 곳이기도 하다. 나는 소제동에는 익선동식 상업화나 대규모 아파트 재개발 둘 다 좋은 방식은 아니라고 생각한다. 기존의 도시를 완전히 지우고 하는 개발은 기존의 공간적 가치를 잃게 된다. 그리고 익선동 같은 힙플레이스가 되어 봐야 하나의 유행처럼 인스타그램의 세트장으로 소비되고 말 가능성이 크다. 그 둘이 아닌 새로운 대안이 필요하다. 오히려 이곳은 새로운 기업 타운이 들어서기에 적합한 곳이다. 우선 대전역은 전국의 어디서든 한 시간 이내에 찾아올 수 있다. 소제동은 그런 대전역에서 걸어서 5분이다. 게다가 대전에는 카이스트를 비롯해 대덕 연구단지의 많은 연구소에 우수한 두뇌들이 위치하고 있다. 소제동의 독특한 공간적 상황과 대전의 인재들이 합쳐진다면 차고 창업이 일어나는 우리나라만의 독특한 스마트타운이 만들어질 수 있다. 백 년이 넘은 소제동의 건축 공간적 하드웨어에 대덕연구단지의 소프트웨어를 합친다면 21세기형 피렌체가 만들어질 수 있다.

대전 속 피렌체

소제동에 스마트타운을 만들기 위해 큰돈이 들어가는 것도 아니다.
소프트웨어인 건축 법규만 바꿔 주면 된다. 정부에서 진행하는 스마
트타운 프로젝트는 보통 예산이 50억 이하다. 그 정도로는 빌딩 하나
리모델링할 돈도 안 된다. 차라리 지자체 및 국토부와 협의해서 그 지
역의 건폐율과 주차장법을 완화해 주는 것이 실효를 거두기에 더 낫
다. 현행법으로는 건물을 부수고 나면 좁고 높은 건물을 짓고, 1층에
는 필로티 주차장이 들어설 수밖에 없다. 사업성도 없고 또 다른 흉
측한 개발이 된다. 대신 정부 예산 50억으로 근처에 주차장 건물을
짓고, 그곳에 주차 공간을 임대하는 것으로 주차장을 대체하게 해 줘
필로티 주차장을 없애고, 건폐율을 완화시켜 단층을 유지하되 더 넓
힐 수 있게 해 주는 것이 해법이다.

서울의 익선동이 활기를 띤 이유는 한옥 중정의 불법 증축을 '적당히'
눈감아 주었기 때문이다. 그래서 소규모 민간 자본이 들어왔고, 덕분
에 다양한 가게들이 모인 동네가 된 것이다. 개별 건축주는 적은 돈으
로 1층에 확장된 공간을 만들고, 벤처기업부는 심사를 통해 그곳에
가능성 있는 기업들을 잘 배치해 주면 된다. 쇼핑몰이 성공하기 위해
서는 다양한 가게의 구성이 중요하다. 마찬가지로 벤처기업부는 바
이오테크놀로지(BT) 연구소 옆에 IT 연구소를 배치하고, 그 옆에는
디자인 회사를 배치하는 것 같은 기업 배합에 힘을 쏟으면 된다. 그리
고 대덕의 여러 연구소에서 젊은 연구원을 열 명씩 지원받아서 위성
연구소를 소제동에 배치하는 것이다. 건폐율과 주차장 완화를 해 주

는 대신 건물주는 연간 임대료 인상률을 5퍼센트 이하로 낮춰 젠트리피케이션을 방지하게 한다. 건물주의 재산권 보상은 동네가 좋아지면서 자연스럽게 생기는 지가 상승으로 받으면 된다. 이렇게 만들어진 소제동 타운에서 광주 사투리 쓰는 젊은이와 대구 사투리 쓰는 젊은이가 함께 카페에서 공동 창업을 이야기하는 풍경이 연출된다면 성공인 것이다. 진정한 융합은 BT 회사 연구원과 IT 회사 연구원이 연애할 정도 되어야 시작이다. 뉴요커처럼 '소제러'라는 말이 생긴다면 대박이다. 이는 단순히 소제동에만 국한된 시나리오가 아니다. 전국 어디서든 독특한 공간 구조를 가진 곳이 있고 우수한 인력의 접근이 쉬운 곳이라면 충분히 가능한 시나리오다. 지역마다 이런 개성 있고 매력적인 타운이 많이 만들어지기를 기대해 본다.

각각의 연구원 평균 거리: 2.9km

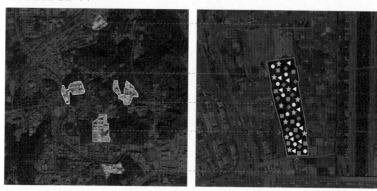

각 연구원에서 연구 인력 10명씩 지원받아 소제동에 배치

소프트웨어(대덕 연구원, 창업인, 예술인)와 하드웨어(도시 공간 구조)의 융합

여주가 사는 길

여주시는 크게 세 개의 구역으로 나누어져 있다. 남한강의 남쪽에 위치한 낮은 건축물과 작은 필지로 구획된 구도심 지역, 남한강의 북쪽에 위치한 새로운 아파트 단지, 그리고 마지막으로 구도심 남쪽에 새로 만들어지고 있는 기차역 주변으로 조성되는 신흥 아파트 단지다. 여주시는 새롭게 만들어지는 단지 주변에 학교도 새롭게 지었고 그곳에 수도권에서 일하는 사람들이 이사 오기를 기대하고 있었다. 이러한 계획은 앞서 말한 또 다른 신도시를 만드는 일이 될 뿐이다. 이런 방식은 장기적으로 봤을 때 여주만의 라이프 스타일이 만들어지기를 기대하기는 어렵다. 다행스러운 것은 시장을 비롯한 지자체는 보행자 중심의 도시를 꿈꾸는 비전을 가지고 있었고, 그러기 위해서 구도심을 재생시키고 남한강에 보행자 전용 다리를 놓겠다는 계획을 가지고 있었다.

내가 제시한 남한강 주변부 활성화의 주요 콘셉트는 수도권 지역의 자전거 타는 인구를 끌어들이는 것이다. 서울에는 100만 명이 넘는 자전거 인구가 있다. 이들은 주로 양평을 목적지로 자전거를 타는데, 내가 보기에 여주는 이들에게 매력적인 현대식 도시가 될 수 있다. 서울에서 세 시간 정도 자전거를 타면 올 수 있는 곳이고, 남한강의 경치도 아름답고 도시도 조용하고 좋다. 무엇보다 도시 전체가 자전거를 타기에 편리한 평지다. 그래서 마스터플랜에서는 남쪽 강변에 있는 건물을 리모델링해서 자전거 수리/판매점과 카페, 식당, 아트센터 등을 배치하고 북쪽의 넓은 수변 공간을 이용해서 각종 체육 시설을

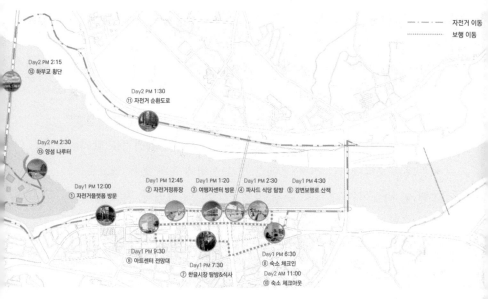

Day2 PM 2:15
⑫ 하부교 횡단

Day2 PM 1:30
⑪ 자전거 순환도로

Day2 PM 2:30
⑬ 양섬 나루터

Day1 PM 12:00
① 자전거플랫폼 방문

Day1 PM 12:45
② 자전거정류장

Day1 PM 1:20
③ 여행자센터 방문

Day1 PM 2:30
④ 파사드 식당 탐방

Day1 PM 4:30
⑤ 강변보행로 산책

Day1 PM 9:30
⑧ 아트센터 전망대

Day1 PM 7:30
⑦ 한글시장 탐방&식사

Day1 PM 6:30
⑥ 숙소 체크인

Day2 AM 11:00
⑩ 숙소 체크아웃

― ‧ ― ‧ ― 자전거 이동
‥‥‥‥‥‥ 보행 이동

자전거 도로를 따라 자전거 서비스센터, 야외 운동 시설, 숙박 시설, 미술관, 카페, 식당, 주차장 건물 등이 배치되어 있는 여주 도시 계획

배치했다. 그리고 전체적으로 도넛 형태의 순환 동선을 완성했다. 곳곳에 자전거 주차장을 만들어서 편안하게 도시 전체를 자전거 타고 돌아다닐 수 있게 한 것이다. 이로써 다음과 같은 시나리오를 생각해 볼 수 있다.

10장. 국토 균형 발전을 만드는 방법

여주에서의 3일

"금요일은 재택근무를 할 수 있는 날이다. 수요일쯤에 스마트폰 앱으로 숙박 시설을 정하고 택배로 2박3일 동안 갈아입을 옷과 랩톱 컴퓨터를 여주의 숙소로 부쳤다. 금요일 아침 일찍 일어나서 자전거를 타고 여주로 향했다. 한강변의 시원한 경치를 보면서 자전거로 달리니 여주의 구도심에 위치한 숙소에 오전 11시경에 도착했다. 앱으로 체크인 된 숙소에는 내 옷이 옷장 안에 잘 정리돼 있었다. 숙소에 들어가서 샤워를 하고 가볍게 옷을 갈아입은 후 랩톱을 가방에 넣고 자전거를 타고 강가에 있는 자전거 서비스센터에 들렀다. 그곳에서 내 자전거 페달과 의자를 업그레이드 주문하고 근처 식당에 가서 점심을 먹었다. 점심을 먹고 가볍게 자전거를 타고 남한강이 잘 보이는 카페에 자리 잡고 랩톱 컴퓨터로 필요한 업무를 봤다. 이곳에 오면 나 말고도 자전거를 타고 서울에서 온 친구가 많다. 그 친구들과 여주 구도심에 위치한 여러 재미난 장소에서 이틀간 간간이 일과 휴식을 취했다. 도시 전체가 여유롭다 보니 소설가나 음악가들의 작업실이 곳곳에 위치하고 있다. 여주는 바이크족들의 메카와 같은 곳이다. 나는 이곳의 도시 풍경과 라이프 스타일이 마음에 든다. 언젠가는 이사 와서 여기에 살아도 좋겠다는 생각을 해 본다. 일요일 오후 짐을 다시 택배로 부치고 나는 자전거를 타고 집으로 돌아왔다."

라이프 스타일 만들기

캘리포니아의 베니스 비치에 가면 해변에서 운동을 하거나 보드를 타거나 서핑하는 사람들이 많다. 그곳은 캘리포니아스러운 라이프 스타일을 즐기는 사람들로 넘쳐 난다. 근처에 있는 에보키니(Abbot Kinney Boulevard)라는 거리는 전 세계에서 가장 힙한 거리로 선정된 적이 있다. 에보키니에는 녹음 스튜디오를 비롯해 프랜차이즈가 아닌 개성 있는 멋진 가게들이 즐비하다. 이러한 베니스 비치와 에보키니의 문화는 확실히 뉴욕 5번가와 브로드웨이와는 다르다. 어느 누구도 베니스 비치의 라이프 스타일을 뉴욕의 라이프 스타일과 정량적으로 비교하지 않는다. 그저 다를 뿐이다. 경기도 여주의 경우도 자전거 문화를 기반으로 새로운 라이프 스타일 공간을 제시할 수 있다면 비슷한 가치관을 가진 사람들이 여주시로 모여들고 시간을 보내고 돈을 쓰고 언젠가 이사를 올지도 모른다. 성주는 성주다운 라이프 스타일을, 신안은 신안다운 라이프 스타일을 만들 수 있다면 포스트 코로나 시대에 경쟁력 있는 도시로 성장할 수 있다. 그리고 그러한 문화는 비단 수도권의 사람을 끌어들일 뿐 아니라 전 세계의 사람들이 찾는 공간이 될 수도 있다. 아시아의 작은 나라 대한민국에서 비행기를 타고 이탈리아 베네치아에 가고 싶어 한다면, 베네치아의 사람들이 반대로 비행기를 타고 신안에 오고 싶게 만들 수도 있어야 하지 않을까?

캘리포니아 베니스 비치에서 보드를 타는 사람들

에보키니에서는 개성 있는 가게들을 볼 수 있다.

11장.

공간으로
사회적 가치
창출하기

나를 안아 주는 교회

건축은 같은 돈을 사용하더라도 창의적인 디자인으로 사회적 가치를 창출할 수 있다. 학창 시절 사회 책에 나오는 문구가 아직도 기억난다. "건축은 다른 예술과는 달리 한 번 지어지면 공공의 공간 속에 오랫동안 남기 때문에 사회적으로 영향을 주는 일이다"라는 내용으로 기억한다. 이 문구를 심하게 사회주의적으로 해석하는 건축가들은 개인의 소유권을 제약하더라도 사회적 가치를 추구해야 한다고 역설한다. 우리 사회에서는 종종 그런 개념을 가진 건축 정책과 소유주가 충돌하는 것을 쉽게 볼 수 있다. 지난 10년간 서울시의 몇몇 정책, 예를 들어서 층수와 높이 제한으로 인한 재건축 조합과의 갈등은 이에 해당한다. 이는 피할 수 없는 문제일까? 이를 단순하게 정치적인 문제로 치부해 버리는 순간 건축가는 자신의 본분을 다하지 않는 것이라고 생각한다. 건축가라면 갈등이 있는 곳에 창의적 디자인을 통해서 갈등을 화합으로 이끌 수 있어야 한다. 내가 했던 프로젝트 중 건축주와 시민이 모두 윈윈 할 수 있었던 디자인을 소개해 보겠다.

첫 번째 프로젝트는 세종시 산성교회다. 이 교회는 대전에 위치하고 있던 산성교회가 세종시에 새롭게 지부를 개척하는 세종시 성전이었다. 이 일을 진행한 담임목사는 지역 사회에 공헌하는 열린 교회를 만들고 싶어 했다. 교회 건축은 많은 돈을 들여서 만들지만 실제로 일요일 오전에만 많이 사용되고 나머지 시간은 거의 비어 있는 공간이다. 건축주는 주중에 누구나 와서 사용할 수 있는 공간을 만들기 원했다. 그래서 1층은 친교의 공간으로 만들고 주중 언제나, 교인이 아니더라도 누구든지 들어와서 사용할 수 있게 개방했다. 건축 재료적으로는 1층에 투명한 유리를 사용하여 내부가 잘 들여다보이게 만들어 행인들이 들어가 보고 싶게 디자인했다. 이 교회의 특징 중 하나는 교회의 상징인 십자가를 보이지 않게 처리한 점이다. 일반적으로는 십자가를 눈에 띄게 하기 위해 가장 높은 곳에 배치하는데 그럴 경우 기독교인이 아니면 위화감을 느끼기 쉽다. 그런 문제를 해결하기 위해 십자가를 건물의 모서리에 놓았고, 형태가 있는 모습으로 만들지 않고 눈에 보이지 않는 빈 공간으로 십자가를 만들었다. 바람에 움직이는 나뭇잎 같은 모양의 수백 개의 철판으로 구성된 면을 만들고 십자가 모양으로 구멍을 뚫었다. 이로써 바람이 불 때마다 숲의 나뭇가지에서 나는 듯한 소리가 난다. 이 소리를 듣고 지나가던 무속 신앙인이 교회에 들어와서 회심한 일도 있었다고 하니, 외부인에게 턱이 낮은 교회를 만들겠다는 목적은 달성된 듯하다.

또 다른 디자인상의 특징은 건축물의 주 입면이 곡선으로 휘어져 있다는 점이다. 현대 도시의 건축물은 대부분 상자형으로 만들어져 있다. 건축 입면은 보통 평면으로 되어 있어서 길을 걷는 사람과 평행을 이루면서 아무런 대화를 시도하지 않는 건축물 같아 보인다. 이때 건축물의 입면을 곡면으로 만들면 두 종류의 현상을 갖게 된다. 건축 입면 곡면이 바깥쪽으로 볼록하게 휘게 되면 길가는 사람 입장에서는 건물이 행인을 밀어내는 듯한 느낌을 받게 된다. 반대로 곡면이 오목하게 들어가면 거리 위 행인을 품어 안는 느낌을 주게 된다. 우리를 안아 주는 사람의 팔은 동그란 원호를 그리게 되어 있다. 이러한 곡면은 나를 안아 주는 느낌을 주는데, 건축 공간 중에서는 돔 아래에서

'세종 산성교회'(설계: 유현준건축사사무소). 네모진 건물의 코너에 숨겨진 십자가 부분은 십자가 형상은 비어 있게 하고, 바깥 부분에 철판으로 구성된 수백 개의 면을 배치해 바람이 불 때마다 나뭇가지에서 나는 듯한 소리가 난다

11장. 공간으로 사회적 가치 창출하기

느낄 수 있다. 우리가 유럽의 성당 돔 아래에서 느끼는 온화한 심리적 안정감은 오목하게 둥그런 천장이 나를 안아 주듯 감싸기 때문이다.

일상에서는 이런 비슷한 공간적 경험을 우산 아래에서 할 수 있다. 우산은 현대 도시에서 느낄 수 있는 가볍고 저렴한 돔 공간이다. 돔의 곡면이 주는 안정감 때문에 과거 교회에서는 가장 경건한 공간에 돔을 만들었다. 하지만 교회 예배당이 설교 중심으로 바뀌고 도심 속에 위치하게 되면서 더 많은 사람을 효율적으로 배치하려다 보니 이러한 돔 건축은 사라지고 직사각형의 건물과 예배당만 남게 되었다. 더 이상 교회 공간은 사람을 품어 주는 공간이 아니게 된 것이다. 교회라면 소외되고 '수고하고 무거운 짐 진 자'들을 안아 주어야 한다고 생각한다. 그런 교회 공간을 만들기 위해 사람들을 품고 안아 줄 수 있는 곡면의 입면을 만들었다. 그리고 1층에는 전통 건축의 처마 같은 '내부도 외부도 아닌 중간층의 공간'을 만들어 사람들이 편하게 교회 영역 안으로 들어오게 만들었다.

지나가던 행인들은 곡면 입면을 보고 안으로 살짝 들어오면 처마 공간이 마중하게 되고, 그 다음에 처마 공간 안에서 유리창 안의 모습을 보고 카페로 들어오게 되는 것이다. 이렇게 1층 공간은 이웃 누구나 들어와서 즐길 수 있는 공짜로 머무를 수 있는 공간이 된다. 만약에 같은 친교 공간이라고 하더라도 지하실에 두거나 2층에 위치시켰다면 모든 사람의 공간이 되지는 못했을 것이다. 어떤 건물을 설계하든 1층이 가장 중요하다. 아파트를 설계할 때에도 서로 다른 계층 간이 섞이는 소셜 믹스를 원한다면 1층을 얼마나 개방적으로 만들 것인가에 중점을 두어야 한다.

교회 입구 쪽 처마 공간

유리창을 통해 외부에서도 안을 볼 수 있는 카페(친교실)

11장. 공간으로 사회적 가치 창출하기

건물 안의 사람이 도시 풍경이 되는 건물

두 번째 프로젝트는 오피스 빌딩인 J사옥이다. 우리나라의 오피스 건물은 대부분 발코니가 없다. 실제로 건물에 발코니를 만드는 것은 법적으로 허용돼 있는데 공사비 때문인지 만들지 않는다. 그렇게 발코니가 없는 빌딩들은 유리창이나 벽으로 내부의 모습을 가리고 있어서 마스크 쓴 얼굴 같은 풍경이 연출된다. 만약에 파리나 뉴올리언스의 건물처럼 오피스 빌딩에도 발코니가 있다면 내부 사용자들은 쉽게 야외 공간에 나가서 쉴 수 있고, 거리의 사람들은 발코니의 여유로운 사람들의 풍경을 보면서 즐거울 것이다. 그 발코니에 화분을 내어놓으면 더욱 좋을 거다. J사옥의 도로에 접한 입면 전체에 발코니를 만들었다. 그리고 이 발코니 바깥쪽으로 가느다란 환봉으로 만든 반투명 느낌의 스크린을 달았다. 반투명 막과 같은 이 스크린 장치는 빛을 여과시켜 들어오게 하고 바라보는 각도에 따라서 투명성이 바뀌고, 전동식으로 열거나 닫을 수 있다. 건물 사용자의 결정에 따라서 스크린이 열리거나 닫히게 되고 이 다양한 결정들이 모여서 건물의 입면을 완성하게 된다. 거리의 시민들은 방문하는 날짜와 시간에 따라서 다르게 변화한 건물의 입면을 보게 된다. 건물 사용자들은 발코니에 앉아서 담소를 나누고 화분을 놓고 꾸미게 된다. 그리고 이러한 내부 사람들의 생활이 이 건축물의 입면을 완성하게 된다. 결국 사람의 삶의 모습이 건물의 마감재가 되는 것이다. 발코니 공간과 건축 입면의 스크린 장치를 통해서 건물 안의 사람과 도로 위의 사람은 행위로 대화가 가능해졌다. 이 건물은 시시각각 표정이 바뀌는 건물이고 이를 통해서 도시의 풍경은 더욱 좋아진다.

11장. 공간으로 사회적 가치 창출하기

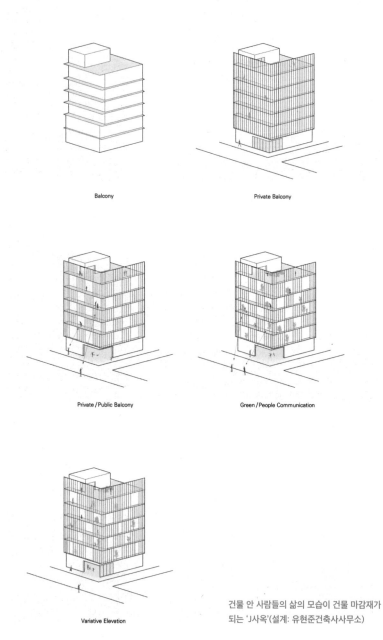

Balcony

Private Balcony

Private / Public Balcony

Green / People Communication

Variative Elevation

건물 안 사람들의 삶의 모습이 건물 마감재가
되는 'J사옥'(설계: 유현준건축사사무소)

뒷골목의 사람도 바다를 볼 수 있게

세 번째 프로젝트는 바닷가에 있는 카페다. 처음 이 카페를 디자인할 때에는 아름다운 바다 풍경을 볼 수 있는 실내 카페 면적을 최대한으로 키우기 위해 대지의 바닷가 쪽에 가로로 길게 건물을 배치했다. 하지만 그렇게 될 경우 뒷골목을 지나는 행인의 입장에서 보면 카페 건물은 바다 풍경을 막는 병풍이 된다. 그리고 바다 경치를 보기 위해서는 돈을 내고 카페에 들어가야만 한다. 이러한 문제를 해결하기 위해서 건물을 분절시켜 여러 개의 동으로 나누었다. 그래야만 골목길에 있는 사람도 건물과 건물 사이로 바다 풍경을 볼 수 있기 때문이다. 이를 위해서 건축주를 설득할 필요가 있었다. 건축주에게 새로운 디자인은 공사비를 줄이고 영업 면적을 키울 수 있는 방법이라고 설명했다. 건물을 분동하면서 나누면 건물과 건물 사이에 빈 공간이 나오게 된다. 그만큼의 공사 면적은 줄어들게 된다. 물론 건축물 입면의 총량은 늘어나지만 대신에 여러 개의 건물을 나누어 짓고 건물과 건물 사이의 공간을 데크 공간으로 만들면 영업 면적이 된다. 게다가 각 동들을 다른 높이로 짓게 되면 낮은 건물의 옥상을 높은 건물에서 테라스로 사용할 수 있는 장점이 있다. 실제로 건축한 것보다 더 많은 영업 면적이 늘어나게 되면서 공사비는 절약할 수 있다는 점을 어필했다.

　일반적으로 카페의 모든 자리에서 바닷가를 볼 수 있게 '一'자로 만들면 카페의 모든 자리에서 보는 풍경이 다 똑같은 모양이 된다. 이 경우 한 번 찾아온 손님은 재방문하지 않을 수 있다. 하지만 여러 개의 건물로 분동하면 여러 개의 다른 위치에서 각기 다른 풍경이 연출되어 손님들의 재방문이 늘어날 거라고 건축주를 설득했다. 다행히 새로운 시도에 열린 마음을 가진 건축주는 여러 개의 건물로 만들어진 계획안을 채택했다. 이때 건물의 계단은 외부 계단으로 만들었다. 그래야 카페에 돈을 내고 들어오지 않는 사람도 누구든지 그 계단을 이용해서 건물의 옥상이나 높은 층에 가서 바다를 볼 수 있기 때문이다. 돈을 지불하지 않고도 바다를 볼 수 있게 만들면 방문객이 늘어나고 나중에 카페 운영적인 면에서도 도움이 될 것이다. 이렇게 누구나 오갈 수 있고, 뒷골목의 행인도 바다 경치를 볼 수 있는 사회적 가치를 갖는 건물이 탄생했다.

핵심은 이렇다. 같은 양의 콘크리트, 같은 양의 유리를 가지고도 어디에 창문을 두느냐, 벽을 어떠한 모양으로 만드느냐, 건축물의 배치를 어떻게 하느냐에 따라서 건물 내부의 사람만 좋은 건축물을 만들 수도 있고, 건물 내부의 사람뿐 아니라 외부의 시민들에게도 혜택을 줄 수 있는 건물을 만들 수도 있다.

건축은 디자인으로 쉽게 사회적 가치를 만들 수 있는 분야다. 이는 어느 누구의 희생이 필요한 제로섬 게임이 아니다. 상대방이 이익이 되면 내가 피해를 보는 제로섬 게임의 프레임은 정치가들이 세상을 보는 프레임이다. 우리 사회는 지금 지나치게 정치가들이 심은 제로섬 게임 시각으로 나누어져 있고 싸우고 있다. 문제가 생기면 누가 적인지부터 색출하려고 한다. 사람을 만나도 이 사람이 내 편인지 적인지 구분하려는 사람들로 가득하다. 적절한 갈등은 사회 발전에 도움이 될 수 있지만, 지나치면 사회는 붕괴한다. 어느 한 편이 이긴다고 해서 사회가 더 나아지지도 않는다. 주인만 바뀔 뿐 문제는 해결

'윈드팬스'(설계: 유현준건축사사무소). 카페 앞모습(위)과 뒤에서 본 모습. 카페 뒤쪽의 외부인도 건물 사이 공간이나 건물 옥상(외부인도 건물 외부 계단을 이용할 수 있다)에서 바다를 볼 수 있다.

Site Plan

되지 않는다. 대중은 그런 과정 중에 소비되고 이용되기 십상이다. 사회적 가치를 창출하는 창조적인 해결책을 만드는 사람이 늘어날수록 이 사회는 윈윈 할 수 있다. 이러한 일은 건축가만이 할 수 있는 것은 아닐 것이다. 기업인, 예술인, 교육자, 노동자 누구든 자신의 자리에서 사회적 가치를 창출하는 작은 일들이 쌓인다면 이 사회는 더 나은 단계로 진화할 수 있을 것이다.

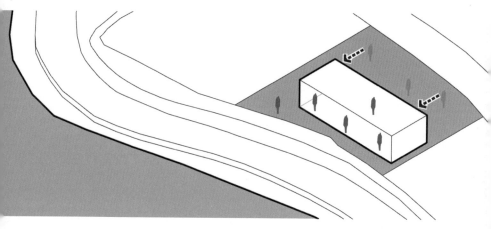

건물 뒤편 행인이 바다 풍경을 볼 수 없게 막는 건물 배치

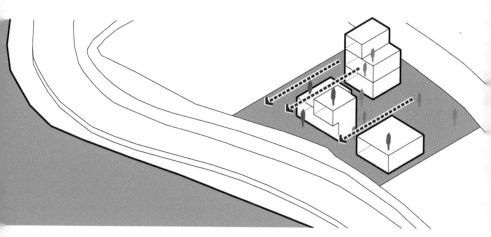

외부인도 바다 풍경을 볼 수 있고, 건물마다 보는 풍경이 다른 건물 배치

11장. 공간으로 사회적 가치 창출하기

닫는 글

기후 변화와 전염병: 새로운 시대를 만들 기회

기준이 바뀌는 세상

초등학교 시절에 나는 장난감 미니카를 좋아했다. 그러다 보니 세상의 부를 미니카를 몇 대 살 수 있는지로 측정했다. 가장 사랑하는 것이 세상을 보는 기준이 된다. 최근 들어 출판되는 책의 판형이 작아지고 있다. 작은 에세이집 같은 경우는 기존 책의 절반 크기밖에 안 되는 것도 있다. 책의 판형이 작아지는 이유는 스마트폰의 영향이 크다. 현대인은 대부분의 정보를 스마트폰을 통해서 얻는다. 영화나 드라마도 대형 TV보다 스마트폰 스크린으로 보는 경우가 더 많다. 그래서 현대인에게 스마트폰보다 큰 것은 어색하다. 그러다 보니 정보를 접하는 책도 스마트폰 크기와 비슷하게 변화하고 있다. 스마트폰이 세상을 보는 기준이 되어 가고 있는 것이다.

큰 아들은 작년에 대학 입시생이었다. 바쁘게 공부해야 하는 시기임에도 빼놓지 않고 하루에 30분 정도는 초등학생 때부터 해 오던 '메이플 스토리'라는 게임을 했다. 2003년도에 출시된 이 게임은 2차원 온라인 게임으로, 배경 화면이 오른쪽에서 왼쪽으로 흘러가면서 주인공이 그 안을 뛰어다니는 게임이다. 각 스테이지마다 각기 다른 배경의 공간이 만들어져 있다. 하늘에 떠 있는 도시가 나오기도 하고, 숲이 배경으로 되기도 한다. 이 게임에는 이러한 배경 공간이 수백 개가 있다. 처음에는 이 게임을 하는 아들을 보면서 쉴 때 아무것도 하지 말고 쉬지 왜 게임을 하는지 이해가 되지 않았다. 그러던 어느 날 멍 때리면서 게임을 하고 있는 아들을 뒤에서 바라보다가 아들이 왜 이 게임을 하면서 쉬는지 깨달았다. 그에게는 메이플 스토리의 게임 배경 화면이 고향이기 때문이다. 초등학교 시절부터 가장 많은 시간을 보낸 스크린 속 게임 공간이 그에게는 내가 어려서 뛰놀던 골목길과 마찬가지였던 것이다. 어렵지 않은 메이플 스토리 게임을 하면서 움직이는 배경 화면을 보는 것은 아들에게는 움직이는 풍경을 보는 산책과 마찬가지였다. 스마트폰과 게임 같은 가상공간에서 더 많은 시간을 보내는 밀레니얼 세대에게 가상공간은 어른 세대와는 다른 의미로 다가온다. 이처럼 개인의 경험은 세상을 바라보는 기준을 만든다. 그리고 그 기준은 미래를 만든다.

코로나 블루와 공간

인류 문명의 역사는 시공간 확장의 역사다. 기차를 발명해서 내가 경험할 수 있는 공간을 확장했고, 전화기 발명으로 내가 의사소통할 수 있는 공간의 영역을 확장했다. 백 년 전 조선 시대 때 사람은 평생 마을을 벗어나지 못했지만, 지금 대한민국의 국민은 더 넓은 공간을 경험하며 산다. 물론 우리가 사는 집은 최소한의 규모로 작지만, 대신에 현대인은 몇 천 원 커피 값을 내고 여러 카페 공간을 소비할 수 있고 멀리 해외여행도 갈 수 있는 사람이 많아졌다. 현대인 한 명의 공간은 사는 집 외에도 이용하는 각종 카페, 레스토랑, 영화관, 미술관, 경

344

기장, 공연장, 여행지 등으로 구성된다. 역사상 최대의 크기다. 그런데 이 같은 공간의 소비가 코로나로 인해서 없어지게 되었다. 카페에서 쉴 수 없고, 퇴근 후 회식을 할 수도 없고, 해외여행도 갈 수 없게 되었다. 오로지 집 안에 갇혀서 살아야 했다. 개인의 입장에서 한 사람이 소비하던 공간은 5분의 1이상 줄어들었다. 나의 공간이 줄어드니 내 권력과 자산이 줄어든 것 같은 느낌이 든다. 더 좁아진 공간에 갇혀 지내다 보니 '코로나 블루'가 찾아왔다. 아이러니하게도 코로나 때문에 공간의 중요성을 더 많이 느끼게 되었다.

코로나19라는 전염병이 돌자 '밖은 위험하다'는 생각이 자리 잡았다. 결국 가장 안전한 공간은 '내 집, 내 차 안'밖에 없게 된 것이다. 나만의 공간에 대한 욕구는 더욱 커졌는데 집값은 천정부지로 올랐다. 내 집도 아닌 집을 꾸며야 하니 그림을 사서 거는 소비가 늘어났다. 언제 이사 나갈지도 모르는 남의 집 벽지를 갈기보다는 언제든 떼어서 가지고 갈 수 있는 그림으로 인테리어를 하는 것이다. 이사하면 가지고 갈 수 있는 가구를 바꾸는 데도 돈을 쓰기 시작했다. 리조트에 가고 호텔에 묵는 것도 안심할 수 없으니, 가장 안전하고 내가 소유할 수 있는 자동차에서 잠을 자는 '차박'이 유행하기도 했다. 어느 곳에서든 잠을 자게 될 때 그 공간은 완전히 나의 공간이 된다. 차박은 자동차를 타고 어디든 가서 그곳을 내 집 마당으로 만드는 일이다. 사람이 많은 극장이나 경기장에 갈 수 없으니 가장 안전한 야외 공간에서 혼자 운동하는 등산도 젊은이들의 힙한 유행이 되었다. 전염병은 여러 가지로 우리 삶의 공간을 바꾼다. 바뀐 공간은 우리의 생각도 바꾼다.

닫는 글

고래가 코끼리보다 큰 이유

코끼리는 체중이 몇 톤이지만 고래는 수십 톤에 달한다. 대체적으로 수중 포유류 동물은 육지 포유류 동물보다 덩치가 훨씬 크다. 과학자들은 그 이유가 차가운 바닷물에서 체온을 유지하기 위해서는 신진대사가 많이 필요하고 이를 위해서는 몸집이 클수록 효율적이기 때문이라고 설명한다. 가로 세로 높이의 길이가 2배가 되면 면적은 4배가 되지만 체적은 8배가 된다. 덩치가 커질수록 차가운 바닷물과 닿는 표면적의 늘어남에 비해 체적이 더 기하급수적으로 늘어나게 된다. 이때 바닷물과 닿지 않는 안쪽의 세포는 체온을 유지하는 데 유리해진다. 그래서 가장 큰 수중 포유류는 가장 큰 육지 포유류보다 체중이 25배 정도 무겁다.

여기에 구조적인 이유가 추가된다. 길이가 2배 늘어나면 체적은 8배 늘어나서 체중은 8배가 된다. 늘어나는 무게는 오롯이 뼈가 지탱해야 한다. 이때 뼈의 강도를 위해서 뼈의 단면적이 8배 늘어날 수는 없다. 단면적은 면적이기 때문에 4배만 늘어난다. 그러니 단위 면적당 받아 내야 하는 무게가 2배가 늘어나야 한다는 문제가 생긴다. 단순 산술적으로 길이가 2배 늘어날 때마다 뼈의 밀도도 2배여야 늘어나는 체중을 버틸 수가 있다. 그래서 동물은 몸집이 커질수록 뼈가 단단해져야 한다. 몸집이 작은 닭 뼈는 씹어 먹을 수 있지만 몸집이 큰 소뼈는 씹어 먹지 못하는 이유가 여기에 있다. 그런데 뼈의 밀도가 늘어나는 데는 한계가 있기 때문에 육지 동물의 몸집은 무한대로 커지기 힘들다. 반면 바닷속에서 살면 늘어나는 체중을 물의 부력으로 감당할 수 있다. 그래서 고래는 코끼리보다 몸집이 수십 배 큰 것이다.

바다 생물은 체중을 지탱할 필요가 적다 보니 뼈도 클 필요가 없다. 심지어 생선 뼈는 가늘어서 '가시'라고 부른다.

크기가 커지면 뼈대의 단면에 가해지는 스트레스가 기하급수적으로 늘어난다. 이 문제를 심각하게 느끼는 또 다른 분야가 건축이다. 건물의 높이가 높아질수록 기둥의 단면이 견뎌야 하는 무게는 급격하게 늘어난다. 우리나라는 과거 건축에서 목재를 주재료로 사용했다. 목재는 단위 면적당 견디는 힘의 강도가 낮기 때문에 건물을 높이 짓기 어렵다. 과거의 경우를 보면 목구조로 지은 건축물은 5층 정도가 최대치인 것 같다. 목구조로 그보다 높이 지으려면 사람이 사용하지 않는, 속이 비어 있는 경우에나 가능하다. 황룡사지 탑은 사람이 들어가서 살지 않기 때문에 9층까지 지을 수 있었다. 5층보다 높은 건축을 하려면 기둥 단면의 단위 면적당 받아 낼 수 있는 무게가 목재보다 더 큰, 강한 재료를 써야 한다. 서양 전통 건축물이 동양 전통 건축물보다 높고 웅장한 이유는 나무보다 단단한 돌을 주재료로 사용해서 높이 올릴 수 있었기 때문이다. 그래서 로마의 성 베드로 대성당은 돔의 높이가 100미터나 된다. 하지만 그것도 속이 텅 빈 돔 건축이었으니 그렇게 높게 지을 수 있었던 것이다. 실내를 층층이 사용할 수 있는 빌딩은 단단한 돌을 사용해도 8층 높이가 최대였다.

더 높은 건축물을 짓기 위해서는 새로운 재료가 필요했다. 철이나 콘크리트는 목재나 돌보다 단위 면적당 압축력을 받아 내는 힘이 크다. 근대 건축에 접어들어 철근 콘크리트 기둥이 나오고 나서야 수십 층 높이의 건축물을 만들 수 있게 됐다. 이처럼 동물 몸집의 크기나 건물의 높이는 무게를 지탱하는 구조체 재료의 강도에 의해서 결정된다. 우리 사회도 마찬가지다. 한 사회의 규모가 커질수록 그 사회를 받치는 뼈대가 튼튼해져야 한다. 수십 명의 원시 사회가 수백 명 규모의 사회로 커질 수 있었던 이유는 원시 종교의 역할이 컸다. 현재 거대한 인간 사회를 구조적으로 지탱하는 여러 가지 뼈대가 있다. 가족, 민족, 애국심, 국가, 교육, 연금제도 등이 그러한 뼈대다. 그런데 우리는 지금 그 뼈대가 붕괴되는 것을 목격하고 있다.

기술 발달과 저출산의 시대

2019년 대한민국 출산율은 0.88로 세계 최저치다. 인구학자들과 정부는 사태를 심각하게 생각하고 출산율을 높이기 위해 2019년에만 23조의 예산을 책정했다. 저출산이라는 현상이 생겨난 근본적인 이유는 무엇일까? 우리나라의 경우에는 사회에서 경쟁이 심하고, 집값은 비싸고, 사회 계층 간의 이동도 어려운 척박한 상황이 저출산의 결과를 만들고 있다고 생각한다. 이 밖에도 직장 생활을 하면서 아이를 키우기 어려운 사회 제도 역시 출산을 주저하게 되는 이유다. 일회성 지원금은 그런 상황을 바꿀 수 없다. 그리고 그런 이유 외에 기술 발전 때문이기도 하다. 인간을 속박하는 근본적인 제약은 시간적 제약과 공간적 제약이다. 그런데 기술이 발전하면서 두 제약에 변화가 생겼다. 인간 수명이 120살로 두 배 가까이 늘어나 시간적 제약은 절반으로 줄었다. 공간적 제약도 없어졌다. 고려 시대 때는 파리에 가는데 몇 년이 걸렸다면 지금은 비행기로 열두 시간이면 간다. 시간적 공간적 제약에 수백 배의 변화가 생겨났다. 60세 인생이라면 30세 전에 자식을 낳아서 자신의 시간을 자식을 통해서 연장시켜야 했겠지만 120세 인생에서는 그럴 이유가 줄어든다. 다른 생각 없이 비율로만 보면, 60세 인생에서 30세 이전에 결혼해야 했다면 인생 120세 시대에는 결혼을 60세 전에만 하면 된다는 계산이 나온다. 과거에는 30세에 결혼하고 30년을 같이 살았다면 지금은 60세에 결혼해도 60년이나 같이 산다. 결혼과 출산에 대해서 의식이 바뀔 수밖에 없다. 반면 수명이 늘자 오히려 내가 살아 있는 동안 경험해 보아야 할 공간이 더 넓어졌다. 나를 위해서만 살기에도 벅찬 게 현대인의 삶이다. 이런 배경이 비혼과 저출산으로 이어진다.

기술이 발전해서 공간이 확장되면 생겨나는 또 다른 문제가 있다. 바로 다른 지역 사회 간의 충돌이다. 인간의 사회 조직은 각종 사회 시스템이 발전하면서 크기도 커졌다. 최초에는 종교가 그 역할을 했다. 시간이 지난 후 '민족'이나 '국가' 개념이 집단을 더 크게 만들었다. 20세기에 들어서 '이데올로기'라는 이념이 생겨나 민족국가의 국경을 넘는 규모의 제국을 만들 수 있었다. 자유민주주의 이데올로기로 미국이라는 제국이, 사회주의 이데올로기로 소련이라는 제국이 만들어졌다. 이렇게 집단은 점점 그 규모가 커졌다. 이렇게 만들어진 조직들은 멀리 떨어져 있으면 문제가 안 된다. 그런데 교통수단이 점점 발달하면서 각 집단의 공간이 확장되자 서로의 공간이 겹쳐지게 되었다. 이 교집합에서 융합의 발전도 있지만 반대로 갈등도 생겨난다. 종교는 과거 집단의 크기를 키워서 집단 내부의 분쟁을 줄이고 안전을 보장해 주었다. 그런데 시간 거리가 줄어들면서 서로 다른 종교 집단이 중간 지대에서 교집합으로 만나게 되었다. 그 중복 지역에서 십자군 전쟁이 발생했다. 우리도 대륙으로부터 온 사회주의와 바다에서 온 자유민주주의, 이 두 가지 이데올로기가 한반도에서 충돌한 '한국 전쟁'이라는 역사를 가지고 있다.

인류사의 큰 변화나 갈등은 기술 발전으로 인한 시공간의 변화가 기존 사회와 충돌했을 때 일어난다. 전염병 역시 교통수단이 발달하면서 시간 거리가 축소되고 공간이 압축되면서 전파되고 문제를 발생시킨다. 14세기에 말이라는 교통수단이 있었기에 몽고의 흑사병이 갑작스럽게 유럽까지 전파되어 문제를 일으켰다. 21세기에는 비행기라는 교통수단이 거미줄처럼 전 세계를 엮고 있기 때문에 코로나가 단기간에 전 지구로 퍼져 나가게 되었다. 이러한 팬데믹 현상은 기존의 사회를 지탱하는 뼈대가 감당할 수 있는 수준을 넘었기 때문에 나타나는 현상이다. 우리는 여태껏 75억 명의 인구가 이렇게 자주 그리고 많이 비행기로 오가는 거대한 사회를 가져 본 적이 없다. 코로나 사태는 거대한 지구 사회를 지탱하는 현재의 시스템이 취약하다는 것을 보여 주는 사례다. 기술 발달로 세계가 하나로 연결되면서 지구 사회로 커졌다. 그런데 운영과 가치 시스템은 20세기에 만들어진 것을 사용하고 있다. 닭의 몸집에서 가로, 세로, 높이가 각각 2배가 늘어나 체적이 8배가 되면 닭 뼈가 부러지듯이, 현재 우리 사회 시스템이 붕괴되어 가고 있다. 그러한 현상이 지금 우리가 직면하고 있는 저출산, 가족의 붕괴, 난민의 대규모 인구 이동, 브렉시트, 지난 미국 대선의 트럼프 당선, 그리고 코로나19 확산이다. 우리는 지금 뼈대가 부러지고 있는 상황을 보고 있다.

새로운 뼈대가 필요한 시대

몸집이 너무 커져서 뼈가 부러지면 새로운 재료의 뼈대가 필요하다. 10층짜리 건물을 지으려면 목재가 아닌 철근 콘크리트 기둥을 써야 한다. 목재에서 철근 콘크리트로 바뀌는 정도의 '사고의 혁명'이 필요하다. 특히 철학적, 종교적 개념의 혁신이 필요하다. 존엄사 같은 민감한 사안들도 허심탄회하게 말할 수 있는 사회 분위기가 조성될 필요가 있다. 백세 시대에 맞는 결혼과 출산의 새로운 제도와 정의도 생각해 봐야 한다. 공간적으로는 새로운 집, 새로운 업무 환경, 새로운 학교, 새로운 상업 시설, 새로운 도시 공간 구조가 필요해 보인다. 전염병에 강하면서도 사회 계층 간의 양극화를 줄이고 갈등을 해소할 수 있는 공간 구조가 절실한 상황이다. 일반적으로 건축과 도시가 바뀌는 가장 큰 요소는 기후 변화와 전염병이다. 빙하기가 끝나고 온난해진 기후 변화는 인간을 강가로 모여들게 만들었고 전염병에 강한 건조 기후대에서 도시 형성과 함께 문명이 시작되었다. 21세기에도 똑같은 지구 온난화라는 기후 변화와 전염병에 시달리고 있다. 우리는 분명한 변화의 시대 속에 살고 있다.

사회에는 항상 개혁이 필요하다고 말한다. 하지만 웬만해서는 개혁적인 변화가 성취되지 않는다. 그 이유는 기존의 기득권 세력들이 저항하기 때문이다. 어느 시대, 어느 사회나 변화를 두려워하고 원하지 않는 세력은 있다. 그리고 그들은 강하다. 하지만 그런 저항도 시대에 따라서 가끔씩 어쩔 수 없는 재난에 의해서 바뀌는 때가 있다. 지금이 그런 시대다. 코로나19라는 전염병은 우리가 일상이라고 해 오던 상식적인 행동들을 못하게 만들고 있다. 그런 제약은 공간의 운영 체계를 바꾸게 된다. 공간의 운영 체계가 바뀌게 되면 공간을 통해서 구축되던 권력 구조가 와해된다. 이럴 때가 새로운 것을 도입할 수 있는 기회다. 코로나는 우리에게 위기이기도 하지만 동시에 그동안 미루어 오던 재택근무, 원격진료, 원격 수업 등을 시도해 볼 수 있는 기회다. 지금이 변화와 개혁을 만들 수 있는 기회의 시기다.

동시에 우리는 예의 주시하면서 조심할 필요도 있다. 2021년 미국 국회의사당 무력 점거 사태가 발생하자 트위터, 페이스북, 인스타그램은 시위를 선동한 트럼프의 계정을 삭제했다. 트위터로 소통과 정치를 해 오던 트럼프는 SNS 공간을 통한 정치권력 시스템에서 차단당한 것이다. 이 사건은 과거에 종교 지도자, 교육자, 정치가가 가지고 있던 건축 공간을 이용해서 권력을 만들었다면, 이 시대에는 인터넷 가상공간을 장악한 IT 기업으로 권력이 집중되고 있다는 것을 상징적으로 보여 주는 사건이다. 코로나 사태를 통해서 비대면 사회가 될수록 공간을 통한 권력이 IT 기업으로 집중되면서 또 다른 형태의 독재 시대가 시작되었다. 이러한 사태를 우려한 독일의 메르켈 총리는 트럼프의 계정을 삭제한 IT 기업의 결정을 비난했다.

이탈리아가 통일되면서 교황은 바티칸의 조그마한 땅을 빼놓고는 모두 이탈리아 정부에 토지를 몰수당했다. 커다란 위기였지만 교황은 그 당시 신기술인 라디오를 이용해서 전 유럽과 남미까지 주파수가 닿는 땅 끝까지 영향력을 끼칠 수 있었다. 라디오 전파가 만든 새로운 공간 체계가 역사상 어느 때보다도 강력한 교황을 만들었다.

20세기의 미국 대통령은 TV 방송을 이용함으로써 막강해졌다. 화면을 보여 주는 TV 덕분에 잘생긴 외모를 가진 케네디가 아일랜드계 카톨릭 신자임에도 불구하고 미국에서 대통령이 될 수 있었다는 평가도 있다. 대중 매체 기술의 변화는 권력 지형도를 바꾼다. TV 전파가 송출되는 곳까지 정치적 영향력을 끼치는 것이다. 우리나라에서도 정권이 교체되면 KBS와 MBC 사장의 임명을 두고 정치권이 첨예하게 대립하는 이유가 그것이다. 지금은 TV보다 인터넷이 만드는 SNS 공간이 가장 보편적인 공간 시스템이다. 그 공간을 장악한 자는 IT 기업이다. 이들의 유일한 약점은 IT 기업이라 해도 정부가 설치한 광케이블 네트워크에 의존한다는 점이다. 그래서 일론 머스크는 1만 2천 개의 인공위성을 띄워서 그만의 인터넷 네트워크를 가지려 하는 것이다. 인공위성 우주 인터넷망을 가지게 되면 정부의 간섭으로부터 벗어나 완전하게 가상공간을 장악할 수 있기 때문이다. 새로운 다국적 기업과 전통의 강호 국가 정부 사이의 권력 암투는 이미 시작되었다. 아마도 일론 머스크의 인공위성 인터넷망이 완성된다면 가장 큰 피해를 보는 측은 중국 공산당일 것이다. 중국 정부의 강력한 인터넷 통제가 더 이상 불가능해질 것이기 때문이다. 이렇게 급변하는 사회에서 우리는 오프라인 공간과 온라인 공간 두 세계에서 '권력은 더 분산되고, 사람끼리의 융합은 늘어나는 공간 체계'를 만들어 줘야 한다. 온라인 공간에서는 지금처럼 끼리끼리의 소통만 늘리는 알고리즘에서 벗어나 서로 다른 사람들을 융합시킬 수 있는 새로운 알고리즘을 적용할 디자인과 법규가 필요하다. 오프라인 공간에서는 미래를 여는 새로운 도시 공간 구조를 개발해야 한다.

조선의 르네상스를 만든 영조의 청계천 준설 작업

도시 공간 구조의 변화는 사회 발전을 촉발해 왔다. 나폴레옹 3세는 파리에 지하 하수도 시스템을 구축해서 파리를 장티푸스나 콜레라 같은 수인성 전염병에 강한 도시로 만들었다. 전염병에 강한 도시가 되면 인구가 늘어나고, 도시 인구가 늘어나면 상업이 발달한다. 상업이 발달하면 신흥 부호 계급이 생겨나고, 신흥 계급이 생겨나면 기존의 세력들을 견제하면서 사회가 변화, 발전한다. 이러한 진화의 패턴을 보여 준 시기가 조선에도 있었다. 영조와 정조 시대다.

1592년 임진왜란과 1636년 병자호란을 겪으면서 지방의 많은 유민이 한양 도성으로 모여들었다. 인구가 급증하여 1637년 효종 때 8만 명이었던 인구가 10년 만에 두 배가 넘는 19만 명으로 늘어났다. 당시 수도 한양의 상수도 시스템은 우물이었다. 서울 주변은 북한산과 인왕산 같은 거대한 바위산이 둘러싸고 있다. 한양은 화강암 암반에서 만들어 내는 깨끗한 우물이 많았기 때문에 로마처럼 아퀴덕트 같은 상수도 시스템을 구축하지 않아도 물 공급을 해결할 수 있었다. 문제는 하수도였다. 당시에는 하수도 시설이 없어서 청계천 같은 하천이 하수도 시설로 사용됐다. 그런데 한양 인구가 두 배 늘어나자 생활 폐수가 많아지면서 하천 오염이 심해졌고, 각종 전염병이 돌았다. 땔감으로 나무를 베어 사용하자 민둥산이 됐고, 비가 올 때마다 산의 토사가 개천으로 유입됐다. 이는 하천의 흐름을 막아서 하천 오염을 증가시켰다. 하천 바닥이 높아지자 비가 조금만 와도 범람하여 청계천의 더러운 물이 우물로 들어가 식수를 오염시켜 전염병을 일으켰다. 이 문제를 해결하기 위해 영조는 1760년 청계천의 준설 작업을 시작했다. 청계천 준설 작업은 도시가 전염병에 맞설 수 있는 인프라 구조를 만든 시도였다. 덕분에 한양은 다시 청계천 하수 시스템을 보완할 수 있었고 19만 명의 인구에도 전염병이 적은 도시를 만들 수 있었다.

영조 때 한양의 도시 공간 인프라를 재정비한 덕분에 한양에 19만 명의 인구가 안정적으로 유지되자 정조 때에 이르러 상업 수요가 폭증했다. 당시에는 금난전권이라고 해서 한양 내 37개의 허가받은 시전들 외에는 도성 안팎 10리(약 4킬로미터) 이내에서는 가게를 열어 판매하는 것을 금지할 수 있는 권리가 특정 상인들에게 있었다. 기득권을 가진 상인들이 정부와 결탁해 확보한 독점 상업 특권이었다. 도시의 인구가 늘어나면서 상거래도 늘자 정조는 금난전권을 폐지했다. 이로 인해 상업이 발달했고 조선 후기 르네상스가 시작되었다. 청계천 준설이라는 도시 정비가 인구 밀도가 높으면서도 전염병에 강한 도시 공간을 만들었고, 새로운 도시 공간은 상업을 발달시켰고, 상업의 발달은 조선 후기 르네상스의 토대가 된 것이다. 영조와 정조 시대 때 조선은 농업 중심의 경제에서 누구나가 상업을 할 수 있는 시스템으로 국가 운영 체계가 업그레이드된 것이다.

계층 간 이동 사다리가 될 새로운 공간

공간을 압축하는 인프라를 구축하면 사회가 발전한다. 박정희 전 대통령 시절 경부고속도로를 만들면서 서울과 부산 간의 시간 거리를 네 시간으로 줄였고 이를 통해서 1970~1980년대 경제 성장이라는 결과를 얻을 수 있었다. 이후 김대중 전 대통령 시절 고속 인터넷망 인프라를 구축하여 물리적 이동 없이도 다른 사람을 만날 수 있는 공간의 압축을 만들었다. 이전에 없던 인터넷 상거래가 생겨났고 각종 IT 벤처회사가 창업됐다. 아스팔트 도로가 섬유, 철강, 자동차 산업을 만들어서 경제를 활성화시켰다면 인터넷망은 IT 산업을 탄생시켜서 경제를 발전시켰다. 도로와 인터넷 통신망은 멀리 떨어진 사람들 사이를 연결해 주는 '공간 압축' 도구다. 이들은 더 많은 사람이 만나서 관계를 맺을 수 있게 해 주고, 상거래를 가능하게 만든다.

학생들에게 꿈이 뭐냐고 물어보면 "나의 꿈은 재벌 2세인데, 우리 아버지가 노력을 안 하신다"라는 농담을 한다. 부자가 되는 길은 부자의 자녀로 태어나는 길밖에 없다는 말이다. 이 사회는 스스로의 노력만으로는 부자가 될 가능성이 희박한 사회가 됐다. 현재 대한민국 사회는 계층 간 이동 사다리가 없는 사회다. 상황이 이렇다 보니 정치에서는 포퓰리즘이 판을 치고, 베스트셀러 가판대에는 위로하는 서적만 넘쳐난다. 이런 사회는 계층 간의 갈등으로 붕괴되거나 성장 동력을 잃기 쉽다.

어떻게 하면 새로운 부자가 만들어지고, 계층 간 이동 사다리가 복원될 수 있을까? 새로운 공간을 만들면 된다. 우리는 소셜 믹스를 중요하게 생각하지만, 단순한 소셜 믹스만으로는 부족하다. 부자와 가난한 사람이 같이 어울려서 사는 소셜 믹스는 좋은 것처럼 보이지만, 단순히 소셜 믹스로만 그친다면 너는 계속 가난하게 살고 나는 계속 부자로 살면서 우리 이대로 잘 지내 보자는 것으로 끝날 수 있다. 유력 정치가들이 '모두가 더불어 잘 사는 사회를 만들자'고 하면서 자기 자식들은 편법으로 부와 교육의 대물림을 해 주는 것에 국민이 공분하는 이유가 여기에 있다. 진정 더불어 잘 사는 사회를 만들려면 부의 이동이 많은 사회가 되어야 한다. 나는 가난하지만 내 자식은 부자가 될 수 있는 세상 말이다. 그래야 아이도 낳는 것이다. 부의 이동이 쉽고 계층 간 이동 사다리를 복원하려면 상업이 발달해야 하고, 그러려면 기술 혁명으로 새로운 공간을 만들어야 한다. 새로운 공간을 만들면 새로운 부자가 만들어지는 기회가 형성된다.

19세기 유럽 사회에서 하층민으로 천대받던 사람들은 범선으로 2주 만에 유럽에서 아메리카 대륙으로 건너갈 수 있게 되자 북아메리카 신대륙에서 새로운 기회를 가질 수 있었고 미국을 만들고 유럽 전통 부호를 능가하는 부를 구축할 수 있었다. 미국 동부에서 기회를 가질 수 없었던 사회 하층민은 기차를 통해서 서부라는 새로운 공간으로 이동해서 실리콘 밸리를 만들고 엄청난 부를 구축했다. 우리나라는 1970년대에 시골에서 지주가 될 수 없었던 사람들이 도시라는 새로운 공간에서 기회를 찾았다. 엘리베이터와 철근 콘크리트 기술로 아파트를 지으면서 과거에는 쓸모없던 허공에 부동산 자산을 만들어 누구나 소유할 수 있는 새로운 공간을 창조하자 중산층이 생겨나고 근대 사회가 완성되었다. 1990년대 들어서 기성세대와 기존 재벌에 밀려서 오프라인 공간에서 기회를 가질 수 없었던 젊은이들은 IT 기술로 인터넷 인프라 구축으로 온라인 공간이 만들어지자 네이버, 카카오, 다음, 넥슨, 엔씨소프트 같은 기업을 만들 수 있었다. 자본주의 사회에서 돈을 벌기 위해서는 자본이 필요하다. 자본은 동산과 부동산으로 나누어진다. 청년을 비롯한 저소득층 사람들은 둘 다 없다. 이때 국가가 새롭게 기술 혁명으로 저렴한 공간을 제공해 주는 것은 이들에게 부동산 자산을 주는 것과 같다. 그리고 이 공간이라는 자산으로 부를 만들 수 있다. 그렇게 새로 만들어진 공간은 계층 간 이동의 사다리가 된다.

미래는 다가오는 것이 아니라 창조하는 것

우리나라 경제가 발전하고 사회의 계층 간 이동 사다리를 만들려면 새로운 공간을 만들어야 한다. 오프라인 세상에서 만들 수 있는 새로운 공간은 사람 간의 '만남의 밀도'가 높아지면서도 동시에 전염병에 강한 도시 공간이다. 우리 시대의 '영조의 청계천 준설' 같은 사업은 무엇일까? 선형의 공원, 자율 주행 로봇 전용 지하 물류 터널, 발코니가 있는 아파트, 규모는 작아지고 다양성은 많은 학교, 다양한 부도심, 특색 있는 지방 도시가 만들어져야 한다. 우리 사회의 문제는 비전 없는 부동산 정책들과 세금 정책만으로 해결될 문제가 아니다. 새로운 공간, 새로운 도시 인프라를 만들어야 한다.

코로나로 인해서 전 세계 모든 국가와 사회는 새로운 미래를 만들 출발선상에 섰다. 과거의 공간 모델로는 다가올 미래를 준비할 수 없다. 새로운 모델이 필요하다. 과거 근대화에 늦은 우리는 서양 사회가 만든 공간 시스템을 답습하는 일만 해 왔다. 지하 상하수도 시스템, 전력 공급망 시스템, 엘리베이터와 철근 콘크리트를 통한 고층 고밀 도시 공간, 근대식 학교 등 거의 모든 시스템을, 우리보다 앞서 나갔던 서양 문명의 열매를 도입한 것이다. 이제는 우리가 처음으로 만든 새로운 도시 공간 시스템, 우리만의 교육 시스템을 만들어서 세계를 리드해 나가야 하지 않을까? 언제까지 선진국 성공 사례를 찾아다닐 것인가. 중요한 시기인 지난 이십 년 동안 우리 국민은 '과거사 재정의' 과정에서 빨갱이와 토착왜구로 상대방을 비방하며 분열됐다. 역사를 모르는 사람에게 미래는 없다. 하지만 역사만 이야기하는 사람에게도 미래는 없다. 미래는 미래에 대해서 구체적인 꿈을 꾸는 사람들이 만드는 것이다. 우리 모두가 시선의 초점을 과거에서 방향을 돌려, 미래를 향하길 바란다. 코로나라는 위기는 그런 기회를 제공하고 있다. 역사를 보면 중요한 결정을 내려야 하는 시대가 있다.

19세기에 석탄을 대체할 새로운 에너지원을 찾을 때 우리에게는 두 가지 선택의 길이 있었다. 석유와 수소. 그 당시의 기술적 완성도는 석유와 수소가 비슷한 수준이었다. 그런데 당시 사람들은 석유가 수소보다 생산 단가가 아주 조금 싸다는 이유로 석유를 선택했다. 그 결과가 바로 지금 우리가 맞이하고 있는 환경 위기의 세상이다. 만약에 그 당시 사람들이 현명하게 수소를 택했다면 지금의 세상은 어떻게 됐을까? 역사 중에 어느 시대의 선택이 이후 수백 년의 인류 역사에 영향을 미치기도 한다. 지금이 그런 시대다. 기후 변화와 전염병의 시대를 사는 우리는 백 년 후의 인류 역사를 결정하는 거룩한 책임을 짊어진 세대다. 미래는 그냥 오는 것이 아니라 창조하는 것이다. 미래는 우리가 만드는 오늘의 선택이 모여서 만들어진다. 각자의 자리에서 올바른 선택을 할 수 있길 바란다.

주

1 건폐율: 대지 면적에 대한 건축 면적의 비율

2 용적률: 건축물 총 면적의 대지 면적에 대한 백분율.

　　　　즉, (건축물 바닥 면적의 합계/대지 면적) x 100

3 스케치: 화면에 참여자가 직접 쓰거나 그리면 참여한 사람 모두 볼 수 있는 기능

35 ⓒ 포스코건설

38 ⓒ 유현준건축사사무소

39 ⓒ 유현준건축사사무소

51-52 ⓒ UBC Public Affairs

60 ⓒ Bisonte_Magdaleniense_polícromo/Wikimedia Commons

61 위 ⓒ Diliff/Wikimedia Commons

64 위 ⓒ Teomancimit/Wikimedia Commons

75 ⓒ KOREA.NET(Official page of the Republic of Korea)/flickr

124 ⓒ twshepherd-jaPjICK8ee8/unsplash

125 위 ⓒ timmykp, 아래 ⓒ 삼성SDS

137 ⓒ majortomagency/unsplash

138, 140 ⓒ 유현준

144 아래 ⓒ cwmonty/unsplash

147 ⓒ West Elm

149 위 ⓒ trinitykisses/flickr

191-192 ⓒ 유현준건축사사무소

206-207 ⓒ 유현준

215 ⓒ 유현준건축사사무소

221 ⓒ 김경민

223 ⓒ 유현준건축사사무소

228 ⓒ CrispyCream27/Wikimedia Commons

230 ⓒ JI HOON KIM/flickr

233 ⓒ 김경민

249 아래 ⓒ Strawberry/flickr

251 아래 왼쪽 ⓒ 윤정인

255 위 ⓒ TFurban/flickr, 아래 ⓒ 유현준

260 ⓒ 유현준건축사사무소

267 위 ⓒ onedaykorea/flickr, 아래 ⓒ Alejandro/flickr

269 위 ⓒ future15pic-flickr

287 ⓒ west end museum/flickr

288 위 ⓒ 미국 지질조사국

291 ⓒ The Interior Directory/flickr

298 위 ⓒ YunHo LEE/flickr, 아래 ⓒ A Few Random Pictures/flickr

306 아래 ⓒ Francesco Tupputi/flickr

308 위 ⓒ sanghoon kim/flickr, 아래 ⓒ accsoleh/flickr

314, 315 ⓒ 유현준

321 ⓒ 유현준건축사사무소

324 위 ⓒ Taylor Davis/flickr, 아래 ⓒ 유현준

331, 333, 335 ⓒ Kyungsub Shin Studio

336 ⓒ 유현준건축사사무소

339 ⓒ Kyungsub Shin Studio

340, 341 ⓒ 유현준건축사사무소

본문 관련 계획안 다이어그램: 김지현

본문 관련 그래프, 일러스트: 옥영현

도판 구매처: 게티이미지코리아, shutterstock, alamy